中等职业学校教材试用本

（第五版）

信息技术基础

主编　谢忠新　沈建蓉

主　编（按姓氏笔画为序）
　　谢忠新　沈建蓉
主　审
　　肖　翊
编　写
　　单　贵　王其冰　陈玉红　吕宇国
　　陆　婷　谢忠新　王斌华　郑燕琦
　　王忠润

復旦大學出版社

内 容 提 要

本书是为中等职业学校以及高职高专学生编写的信息技术文化基础课程教材。全书依据教育部颁发的有关职业教育的精神,参照上海市教委的审查意见,在大量学校调研的基础上,集中汲取多数学校的使用经验和教学实际,以就业为导向,以能力为本位,是对原版教材进行的第四次修订。

本书由 9 个项目贯穿而成,这些项目或创设了模拟工作环境,或模拟学校环境,每一项目的设计力图贴近工作实际或校园实际生活,让学生在校园生活之外,还能置身于公司运作的情境之中,在学习过程中扮演着销售、技术、人事、文秘等角色,激发学生学习的兴趣与求知欲,培养学生解决真实问题的综合能力。通过学习并完成所有创设的项目,使学生具备信息的获取、传输、处理、发布等信息技术应用能力,从而达到面向 21 世纪人才培养的目标。

全书体例设计独特新颖,内容真实有用,教参配套齐备,具备很强的可读性、可操作性和可用性,适合中等职业学校、高职高专以及岗位培训使用。

第 5 版前言

随着中等职业技术学校课程教材改革的深化,加强信息技术教育,培养学生的信息技术综合应用能力,已经成为教学改革的重要任务之一。依据教育部颁发的《中等职业学校计算机应用与软件技术专业领域技能紧缺人才培养培训指导方案》和教育部《关于进一步深化中等职业教育教学改革的若干意见》的精神,根据上海市教委教研室 2015 年修订的《上海市中等职业学校信息技术基础课程标准(试行稿)》,在《信息技术基础》前几版的基础上,经过对学校的大量调研,组织专家、学者和教师对《信息技术基础》进行了再一次修订。修订的教材试图以信息获取、信息交流、信息处理、信息技术综合应用的知识、技能、思想、方法为学习内容,通过实际操作,为学生提供独立思考、实践体验、展示交流、合作共享等学习经历,形成信息意识、信息方法、信息安全、信息共享、信息创新五大信息素养。

在中等职业技术学校信息技术课程教学过程中,如何改革传统的教学模式,使学生改变单纯的接受式的学习方式,学会自主、探究式的学习,培养学生信息意识、信息方法、信息安全、信息共享、信息创新五大信息素养,培养学生分析问题和解决问题的能力,是目前亟待解决的问题。本教材力求在"以就业为导向,深化中等职业教育教学改革"指导下,进一步体现"基于项目的学习",更加有效地培养学生信息素养的同时,重点关注学生利用信息技术分析问题、解决问题能力的培养,为学生的终身学习和持续发展打下扎实的基础。本次教学修订力求体现先进的教与学理念,具体表现为:

1. 通过"项目活动"培养学生应用信息技术的能力。

教材以项目引导,聚焦情境问题,整本教材分为 9 大项目,每个项目围绕一个整体项目情境设计 3~4 个活动,每个活动设计活动情境与活动任务。教材的项目除了创设学生熟悉的校园学习环境外,还创设了模拟工作环境。每一项目的设计力图贴近学习和今后工作的实际,让学生置身于学习和工作情景中,在学习的过程中扮演销售、技术、文秘等各种不同角色,运用多种知识与技能来完成项目任务,激发学生学习的兴趣与求知欲,培养学生应用信息技术的能力。

每个项目活动的主题是与学生今后工作相关的,每个活动涉及一个主题任务,活动主线是任务的完成,在完成任务过程中学习信息技术的知识与技能。每个活动的栏目设计如下:

2. 通过"项目活动"改进学生学习方式。

每一个项目包含了若干个活动,每个活动包括活动背景与要求、活动分析、方法与步骤、知识链接、提醒、自主实践活动等,通过这些内容帮助学生有效地开展自主、探究学习活动,完成活动任务,从而改进学生学习方式。

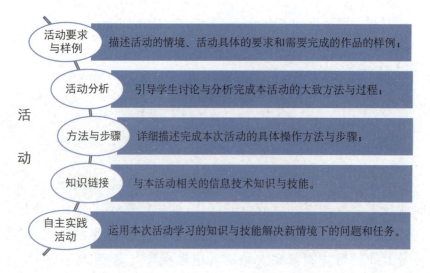

3. 通过"项目活动"培养学生分析问题和解决问题的能力。

教材关注利用一种或多种信息技术工具与软件来解决中职生学习、生活及今后工作中的相关问题。教材一方面注重项目中每个活动的具体分析，注重每个活动完成的具体任务、解决的具体问题；另外，每个项目最后设计了综合实践活动，让学生综合运用学过的信息技术知识与技能解决身边的问题；第三，除了每个项目设计一个综合活动（培养学生综合应用某个工具与软件解决问题），教材还专门设计一个综合应用项目，侧重培养学生综合应用多种工具与软件来解决问题的能力。

4. 通过"项目活动"培养学生的情感、态度、价值观。

教材注重在项目活动的过程中，让学生去体验与人合作、表达交流、尊重他人成果、平等共享、自律负责等行为，树立信息安全与法律道德意识，关注学生判断性、发展性和创造性思维能力的培养。

教材关注学生在信息技术知识与技能学习过程中信息道德与伦理的养成，在每个活动中融入信息技术相关的德育教育内容；关注相关信息技术蕴含的文化内涵，通过设计有效项目与活动任务形成和保持学生对信息技术的求知欲；关注信息技术对社会发展、科技进步和日常生活学习影响的相关内容。

本教材大部分应用基于 Windows 7 操作系统。通过本课程的学习，读者能掌握信息技术的知识与技能，初步具备 21 世纪信息社会的生存与挑战能力，用信息技术这把金钥匙打来智慧与科学的大门，以适应社会就业和继续学习的需要。

编者

2015 年 5 月

目 录

项目名称	活动一	活动二	活动三	活动四	综合活动与评估
项目一 信息技术初步 pages 1~23	组装一台计算机 pages 1~5	搭建简易网络工作环境 pages 6~10	十周年庆相关文件管理 pages 11~14	"十周年庆"活动准备与资料管理 文件共享协同管理 pages 15~23	
项目二 信息获取 pages 24~45	开展有关电子垃圾处理主题的调查活动 pages 25~30	获取电子垃圾处理现状的信息 pages 31~35	利用互联网获取电子垃圾处理的相关信息 pages 36~41		为制定家庭短途旅游方案做准备 pages 42~45
项目三 文字处理 pages 46~82	制作"星光计划"校园特刊	卷首语"跨越星光,走向成功" pages 47~53	来稿编辑"参赛感言" pages 54~60	制作校刊目录页 pages 61~67	制作校刊封面和获奖展示页 pages 68~77	制作求职自荐材料 pages 78~82
项目四 多媒体信息处理 pages 83~108	中国传统节日春节微视频节目的策划与准备	春节习俗微视频的策划设计与节目视频准备 pages 84~89	春节习俗微视频的素材加工 pages 90~97	春节习俗微视频的制作与保存 pages 98~104		飞向太空的航程 pages 105~108

项目名称	活动一	活动二	活动三	活动四	综合活动与评估
项目五 演示文稿 pages 109~134	节能减排宣传演示文稿制作	"地球在呻吟"宣传演示文稿样例 pages 110~112	"节约用水"宣传演示文稿的制作 pages 113~118	"节能产品"宣传演示文稿的制作 pages 119~124	"节能减排小贴士"宣传演示稿的制作 pages 125~130	"让感恩走进心灵"主题班会演示文稿制作 pages 131~134
项目六 电子表格 pages 135~177	销售业绩统计与分析	销售员月度销售情况的统计与分析 pages 136~140	多位销售员月度销售情况的统计与分析 pages 141~149	各种产品年度销售情况的统计与分析 pages 150~161	各分公司年度销售情况的统计与分析 pages 162~171	上海空气质量的查询、统计与分析 pages 172~177
项目七 思维导图 pages 177~194	创业	手绘"创业构想"的思维导图 pages 178~180	使用思维导图软件展现"市场调研"想法 pages 181~186	使用思维导图软件进行"创业案例分析" pages 187~190		企业计划制定 pages 191~194
项目八 信息交流 pages 195~216	学生会招新纳贤活动	学生会招新纳贤门招新内容 pages 196~200	各部门递交宣传资料 pages 201~208	学生会新成员递交报名材料 pages 209~213		学校团委筹备母亲节活动 pages 214~216
项目九 多种工具与软件的综合应用 pages 217~231	"美丽上海"PPT制作与演讲大赛活动策划	策划、制定校园PPT大赛方案 pages 218~222	多媒体演示文稿的设计与制作 pages 223~227	信息交流与发布 pages 228~231		

项 目 一

信息技术初步

——"十周年庆"活动准备与资料管理

情境描述

创新集团公司通过近十年的运作,取得了较好的经济效益。公司为了谋求更大的发展,需要不断提高员工信息处理与管理能力,提高办公效率,提高办公现代化程度。同时为了扩大社会影响,准备举行公司成立"十周年庆"活动。为此,公司决定成立筹备工作组,单设办公室,并为工作组成员每个人配备一台台式计算机和一台笔记本电脑。为了提高计算机的性价比,经过论证,决定购买散件,自己组装。

通过对计算机组装、软件安装、网络搭建、文件管理和文件协同管理的学习,加深对计算机组成结构知识的理解,并在实际操作中不断培养分析问题、解决问题的能力,不断提高信息技术素养与信息管理能力。

活动一　组装一台计算机

 活动要求

为了提高计算机的性价比,经过论证,公司决定购买散件自己组装台式计算机。作为公司"十周年庆"活动筹备工作组的成员,首先要组装一台计算机。

活动分析

一、思考与讨论

1. 在组装多媒体计算机前,应熟悉计算机的组成。请思考,计算机都有哪几部分组成?
2. 组装过程中要防止人体静电对电子器件造成损伤。请思考,如何消除静电?
3. 装主板一定要稳固,同时要防止主板变形,不然会对主板的电子线路造成损伤。请思考,如何正确选择工作台和工具? 如何正确选择计算机各种部件,并正确排放?
4. 应熟练掌握组装操作步骤和操作规程。请思考,如何正确拆装 CPU 与硬盘?
5. 安装软件的顺序是什么?

二、总体思路

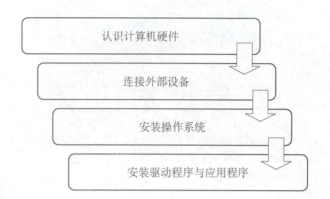

方法与步骤

一、计算机硬件的认识与连接

1. 认识台式计算机

从外观上来看，台式计算机包括主机、显示器、键盘、鼠标、音箱，如图 1-1-1 所示。其中显示器和音箱属于输出设备，键盘和鼠标属于输入设备。主机是计算机最重要的组成部分，由机箱及机箱内的 CPU、主板、存储器等设备组成。

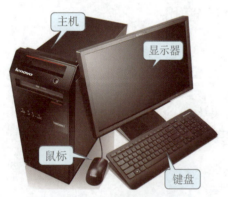

图 1-1-1　计算机的组成

2. 认识计算机主机内零部件

如图图 1-1-2 所示，主机内部零件包括：

（1）CPU（中央处理器，Central Processing Unit）：计算并控制计算机各部分正常工作，是计算机的大脑。

（2）主板（Mother Board）：提供各种接口，用来连接计算机各组成部件。

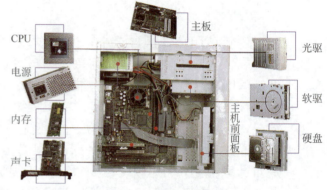

图 1-1-2　主机内的零部件

（3）光驱（CD ROM Disk Drive）：读取光盘中的数据。

（4）软驱（Floppy Disk Drive）：读取存放在软盘中的数据。

（5）硬盘（Hard Disk Drive）：存储数据和程序，其内容不会随断电而消失。

（6）声卡：采集和播放声音。

（7）内存（Memory）：存放当前正在使用的或者随时要使用的程序或数据。

（8）显卡：控制显示器的输出信号。

（9）网卡：将计算机和网络或其他网络设备联网。

（10）电源：将 220 V 交流电变压成计算机所需的各种低压直流电。

（11）机箱：固定主机内的各部分设备，并提供一定的电磁屏蔽功能。

3. 计算机外部设备连接

外设的连接主要包括显示器、键盘、鼠

标及音箱的连接。

(1) 连接显示器：安装显示器的底座，将显示器的信号线与主机上显卡的接口连接，连接显示器的电源，如图1-1-3所示。

图1-1-3　连接显示器

(2) 连接键盘、鼠标：键盘、鼠标与主机上的相应接口的连接如图1-1-4所示。

图1-1-4　连接键盘、鼠标

(3) 连接音箱或耳机：音箱或耳机的连接如图1-1-5所示。

图1-1-5　连接音箱或耳机

二、计算机软件安装

(一) Windows 7 操作系统的安装

1. 在安装操作系统前，完成主板 CMOS 设置、硬盘分区及格式化硬盘等工作；启动计算机，进入 BIOS，设置引导启动顺序：CD-ROM、A、C；存盘退出，并重新启动计算机，按[Enter]键；在出现许可协议对话框中，接受协议，按[F8]键；选择安装磁盘位置，按[Enter]键继续；完成检查磁盘空间，重新启动计算机；进入 BIOS，重新设置启动顺序：C、CD-ROM、A；保存退出，进入安装向导界面，单击【下一步】按钮。

提醒　同意许可协议是对所使用软件的一种承诺，保护知识产权，是诚信品质的体现。

2. 加载文件，设置安装选项，单击【下一步】按钮。选择语言、时间、输入方法，如图1-1-6所示，单击【下一步】按钮。打开新的界面，单击【现在安装】按钮，开始系统的安装。

图1-1-6　设置安装选项

3. 阅读安装许可条款，选择安装类型，选择系统安装位置，设置帐户和密码。

提醒　计算机设置密码是对计算机中内容保护的一种手段，一定要记住。

4. 输入产品密钥。

提醒　软件产品密钥是软件开发者对软件知识产权保护的一种手段。

5. 设置更新。
6. 设置时间和日期。
7. 进行个性化设置。
8. 完成 Windows 7 的安装。

(二) 驱动程序的安装

Windows 7 操作系统已经安装完毕，计算机可以正常使用了。但一些设备还不能达到最佳效果，有的甚至不能正常使用，如显示器、音箱等，还必须安装有关的驱动程序。例如，将打印机数据线和电源线连接好了，但是打印机不能使用，要安装打印机驱动程序。单击"开始/设备和打印机"，如图1-1-7所示。

提醒　安装常用应用软件的一般方法是，双击"setup.exe"(或"install.exe")文件，然后按提示步骤执行，直到完成安装。

图 1-1-7 开始界面

三、认真检查与交流分享

1. 认真检查

组装计算机之前,检查是否消除静电,检查接线是否正确。检查驱动软件是否安装、应用软件是否满足工作要求,确保它包括以下方面:主机与外设的连接;安装驱动软件,保证设备发挥功效;安装应用软件满足工作要求。

2. 交流分享

展示成果,观看其他同学的硬件连接与软件安装并评价;认真倾听其他同学意见和建议,汲取他人的意见,完善自己的作品。

在进行交流分享之前思考并讨论如下的问题:软件安装的顺序是什么?为什么要安装驱动软件?

 知识链接

一、操作系统

操作系统是控制和管理计算机系统内各种硬件和软件资源、组织多道程序运行的系统软件(或程序集合)。操作系统可以分成单用户操作系统和多用户操作系统两大类。

Windows 7 操作系统的基本操作包括:

1. 基本配置的设置。单击"开始"按钮,在展开的菜单中选择"设置",再在子菜单中选择"控制面板",打开"控制面板"窗口。

(1) 桌面设置。双击"显示"图标,打开"显示属性"对话框。鼠标右击桌面,在弹出的快捷菜单中选择"属性"命令,也能打开"显示属性"对话框。"显示属性"对话框中有主题、背景、屏幕保护程序、外观设置 4 个标签。

(2) 鼠标设置。鼠标的设置在控制面板中的"鼠标属性"窗口中进行。在"控制面板"窗口中,双击"鼠标器"图标,打开鼠标器对话框。

在鼠标器窗口有一个左右手"按钮配置"的选择,选中"右手习惯"为按左键操作有效,反之是按右键有效。一般取默认的右手习惯。"连续双击的速度"选项不能选取过大,一般取中间为好。

2. 系统的维护。Windows 7 自带系统维护主要使用"系统工具"。从"开始"按钮进入;单击"程序",选择"附件",选择"系统工具"。系统维护工具大多集中在"系统工具"中。

(1) 磁盘碎片整理。由于删除或保存文件等原因,在磁盘中会产生大量碎片,不及时整理会影响计算机运行的速度。

(2) 磁盘清理程序。单击"开始"按钮,将光标依次指向"程序/附件/系统工具",单击"磁盘清理程序",出现"选择驱动器"对话框,如图 1-1-8 所示。

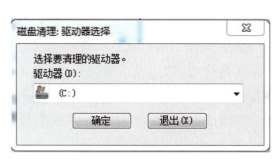

图1-1-8 驱动器选择

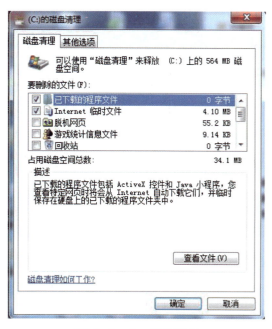

图1-1-9 磁盘清理

在对话框内选择所需清理的驱动器，单击【确定】，出现"磁盘清理程序"对话框，如图1-1-9所示。选中需要删除的文件类型，单击【确定】。

二、信息技术的发展

1. 手势计算

手势是一种灵活、自然、直观的人机交互手段，它的运动轨迹存在于三维空间中。手势是人手或者手和手臂结合所产生的各种姿势和动作，包括静态手势和动态手势两种。静态手势对应空间里的一个点，而动态手势对应着手势在参数空间里的运动轨迹，是一个变量。它们对应着不同的技术支持。手势计算技术在当前是一个比较新的研究课题，大量的研究集中在基于视频的手势识别技术。

2. 云计算

云计算(cloud computing)是传统计算机和网络技术发展融合的产物，是基于互联网的相关服务的增加、使用和交付模式，通常通过互联网来提供动态易扩展且经常是虚拟化的资源。云计算包括基础设施即服务(IaaS)、平台即服务(PaaS)和软件即服务(SaaS)。云计算的应用包含这样的一种思想：把力量联合起来，给其中的每一个成员使用。

3. 大数据

大数据(big data)是需要新处理模式才能具有更强的决策力、洞察力和流程优化能力的海量、高增长率和多样化的信息资产。大数据技术的战略意义不在于掌握庞大的数据信息，而在于对这些含有意义的数据进行专业化处理。换言之，如果把大数据比作一种产业，那么这种产业实现盈利的关键，在于提高对数据的"加工能力"，通过"加工"实现数据的"增值"。大数据分析与传统的数据仓库应用相比，具有数据量大、查询分析复杂等特点，可归纳为4个V：Volume(数据体量大)、Variety(数据类型繁多)、Velocity(处理速度快)、Value(价值密度低)。

4. 物联网

物联网(Internet of Things，IOT)是新一代信息技术的重要组成部分，就是物物相连的互联网"。这有两层意思：第一，物联网的核心和基础仍然是互联网，是在互联网基础上的延伸和扩展的网络；第二，用户端延伸和扩展到了任何物品与物品之间，进行信息交换和通信。物联网分成3个层次，分别是物联网感知层、物联网网络层、物联网应用层。物联网已经广泛应用在智慧地球、智慧城市中，同时物联网的终端在人体健康监护、智能交通、智能家居等领域也有广泛的应用，如图1-1-10所示。

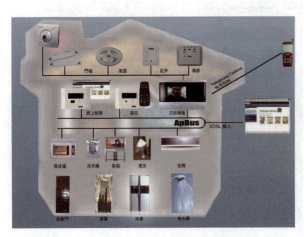

图1-1-10　智能家居

5. 4G技术

4G(fourth-generation)技术又称IMT-Advanced技术，指移动电话系统的第四代，也是3G之后的沿伸，是一个成功的无线通信系统。从技术标准的角度看，按照ITU的思路，静态传输速率达到1 Gbps，用户在高速移动状态下可以达到100 Mbps，就可以作为4G的技术之一。国际电联在德国德累斯顿征集遴选新一代移动通信候选技术，包括中国的TD-LTE-Advanced在内，共有6项4G技术入候选技术提案。中国将全力推动TD-LTE-Advanced成为4G国际标准，积极推进相关产业发展。

6. 虚拟现实技术

虚拟现实(virtual reality，VR)技术于20世纪后期发展起来，近年来得到了飞速发展。它集计算机技术、传感与测量、计算机仿真、微电子技术于一体，利用计算机生成一种虚拟空间，通过视、听、触，甚至味觉和嗅觉，使用户沉浸在虚拟空间中，并与之发生交互，产生身临其境般的视景仿真系统。该技术多应用在医疗、娱乐、艺术与教育、军事与航天工业等领域。

自主实践活动

尝试组装一台计算机，或者可以通过网络或其他渠道进一步了解计算机各部件(如CPU、硬盘等)的分类、性能及生产厂家等情况。

活动二　搭建简易网络工作环境

活动要求

创新集团公司周年庆筹备办公室约60平方米，有台式计算机和笔记本电脑。为提高办公效率，实现信息资源的共享，要求将彼此独立的个人计算机连接成一个小型计算机网络，进而在该网络上实现文件资料的共享和安全访问，并使得该部门的所有成员能使用共享的打印机和因特网(Internet)连接,完成日常工作的打印和上网的需要,还要能实现WiFi上网。

一、思考与讨论

1. 在日常学习和生活的过程中接触过网络吗?是因特网还是学校的计算机房内部网络?
2. 在所接触的计算机网络中,除了计算机和连接计算机的线路,还看到了什么设备?采用什么连接方式?
3. 通过网线和其他网络设备实现各计算机的互连互通。计算机是如何和网线连接的?
4. 如何实现WiFi上网?

二、总体思路

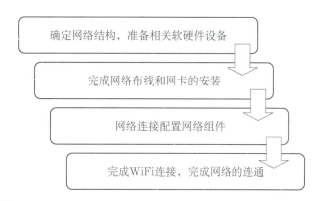

 方法与步骤

一、确定网络拓扑结构

周年庆筹备办公室所需要的网络正符合构建对等网络的要求,其网络的拓扑结构如图1-2-1所示。该网络结构的要点是:将所有计算机通过网线连接到一个被称为网络集线器(或用网络交换机)的中心部件。

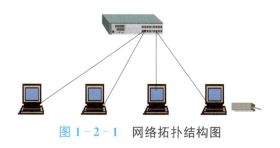

图1-2-1 网络拓扑结构图

二、连接计算机与网络设备

1. 网络布线。将集线器放置在离办公室里所有的电脑都比较近的地方。连接计算机和集线器的网线应足够长(但最长距离不能超过100 m),并放置在电缆槽内。建议网线两端要标明编号,以便于了解计算机和集线器端口的对应关系。

2. 安装网卡。将网卡(即网络适配器)正确插入计算机主板上的扩展槽里,然后用网线把计算机和网络交换机连接起来。启动计算机,Windows 7将自动查找到该网卡并安装网卡的驱动程序。

3. 网络连接。依据网络布线情况,将网线一头连接计算机网卡,另外一头连接网络交换机,即可实现计算机与交换机的连接。

三、计算机网络配置

1. 配置计算机名称和工作组。打开"开始"菜单,单击"控制面板",双击"系统和安全"项。在打开的对话框中选择"系统"项,单击"查看该计算机的名称"项,在打开的"系统"窗口中,单击"更改设置"命令,如图1-2-2所示。

图1-2-2 系统窗口

2.配置计算机网络地址。打开"开始"菜单,单击"控制面板",双击"网络和Internet"项,在打开的"网络和共享中心"窗口中,单击"更改适配器设置"命令,如图1-2-3所示。

图1-2-3 网络和共享中心窗口

在"网络连接"窗口中,双击"本地连接"项,在"本地连接状态"对话框中,单击【属性】按钮,在"本地连接属性"对话框中选中"Internet 协议版本 4(TCP/IPV4)"项后,单击【属性】按钮,如图1-2-4所示。

在"Internet 协议版本 4(TCP/IPV4)属性"对话框中,选中"使用下面的 IP 地址"单选按钮,并输入计算机 IP 地址和子网掩码及默认网关,如图1-2-5所示。单击【确定】按钮,完成网络地址设置。

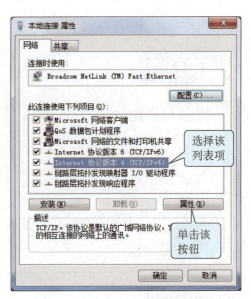

图1-2-4 本地连接属性对话框

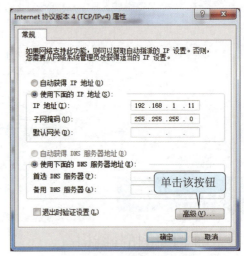

图1-2-5 Internet 协议版本 4(TCP/IPV4)属性对话框

四、无线访问互联网

在有线访问互联网的条件下,添加无线路由器并简单改造,可以实现无线访问互联网,如图1-2-6所示。

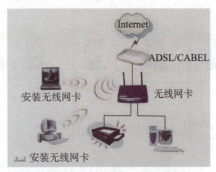

图1-2-6 无线访问互联网

1. 无线路由器的连接。没有无线网卡的计算机也可以通过网线与无线路由器连接实现上网功能,如图1-2-7所示。

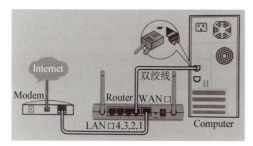

图1-2-7 无线路由器连接

2. 在无线路由中设置ADSL连接。启动路由器,打开浏览器,输入路由器的IP地址(一般是192.168.0.1或192.168.1.1,可以运行cmd命令,输入"ipconfig"查看网关的IP地址),输入路由器的登录帐号和密码,出现管理界面,如图1-2-8所示。

图1-2-8 无线路由器登录首页

单击【WAN】按钮,进入广域网设置界面。选择连接方式PPPoE,单击"从用户端复制MAC地址",输入上网账号和密码,选中"自动联机"单选项,单击【执行】按钮,通过后完成连接设置。

3. 设置WiFi连接密码。单击"无线网络"按钮,打开"无线网路"设置界面。选中"激活"单选项,设置无线网络ID。选择一种安全方式(如WEP),输入预置的密码,单击

【执行】按钮,通过后完成设置。

4. 平板电脑或手机通过WiFi上网。打开手机WLAN,选中无线网络连接设备,输入密码,单击【连接】按钮,如图1-2-9所示。

图1-2-9 无线网络连接

五、检查与交流分享

1. 认真检查

检查所搭建的计算机是否能实现功能,确保以下方面正确:

(1)网络设备及网线选择是否正确。

(2)网卡安装及网络连接是否正确。

(3)共享设备是否能实现。

(4)WiFi上网功能是否能实现。

如果没有实现上述任何一个方面功能,请将其补充完整。

2. 交流分享

展示网络搭建的成果,观看其他同学的网络连接与设置并价;认真倾听其他同学意见和建议,汲取他人的意见,完善自己网络。

在交流分享之前思考并讨论:搭建计算机网络需要什么设备?如何实现无线上互联网?

知识链接

1. 计算机网络的定义

计算机网络是指分布在不同地理位置上的具有独立功能的多个计算机系统,通过通信设

备和通信线路连接起来,在网络软件的管理下实现数据传输和资源共享的系统。它综合应用了现代信息处理技术、计算机技术和通信技术的研究成果,把分散在广泛领域中的许多信息处理系统连接在一起,组成一个规模更大、功能更强、可靠性更高的信息综合处理系统。

2. 计算机网络的功能

计算机网络系统具有丰富的功能,主要体现在:

(1) 信息交换:是计算机网络的最基本功能,主要完成网络中各个节点之间的通信。如通过计算机网络实现铁路运输的实时管理与控制,提高铁路运输能力;利用 E-mail(电子邮件)、IP Phone(IP 电话)和即时信息等各种新型的通信手段,提高计算机系统的整体性能,也方便人们的工作和生活。

(2) 资源共享:计算机网络最具本质也是最吸引人的功能是共享资源,包括硬件资源和软件资源。利用计算机网络可以共享主机设备,如中型机、小型机和工作站等,以完成特殊的处理任务;可以共享外部设备,如激光打印机、绘图仪、数字化仪和扫描仪等,以节约投资;更重要的是共享软件、数据等信息资源,可最大限度地降低成本和提高效率。

(3) 分布式处理:对于较大型的综合性问题,通过一定的算法,把数据处理的功能交给不同的计算机,达到均衡使用网络资源、实现分布处理的目的。对于复杂问题,多台计算机联合使用并构成高性能的计算体系,这种协同工作、并行处理要比单独购置高性能的大型计算机便宜得多。

3. 计算机网络的分类

计算机网络的分类标准有很多,根据不同的分类标准,可以把计算机网络分为不同类型。若按拓扑结构划分,可分为星形网、总线型网、环形网、网状网等。按网络的覆盖范围划分,可以分为局域网(Local Area Network,LAN)、广域网(Wide Area Network,WAN)、城域网(Metropolitan Area Network,MAN)。

4. 平板电脑无线上网设置

联想乐 Pad 平板电脑无线设置步骤:

(1) 在桌面找到"设置",就是这个银色的齿轮标志,如图 1-2-10 所示。

(2) 在大类列表中选"无线网络设置"。

(3) 选择"无线局域网设置",实现以 WiFi 上网,如图 1-2-11 所示。要启动蓝牙也在这里设置。

图 1-2-10 无线上网设置

(4) 选择好无线网络,输入密码,单击【连接】按钮。打开新浪首页,如图 1-2-12 所示。

图 1-2-11 选择 WLAN 设置

图 1-2-12 上网界面

最上面的开关一定要调到绿色,否则就是关闭无线网络了,搜不到网。

 **自主实践活动**

尝试在寝室（或家里）搭建一个小型的无线局域网。

活动三　十周年庆相关文件管理

活动要求

工作组成员负责宣传资料收集与准备工作，该资料要包含公司发展各个时期的视频文件、网页文件、图片文件及有关文档文件等。

所有资料都保存在集团公司工作组办公室的计算机内，要求在办公室计算机D盘中创建"十周年庆"文件夹，并在此文件夹中再创建"视频""图片""网站""文本"和"其他"5个子文件夹，分别存放视频、图片、网页、文档和其他相关文件。

 **活动分析**

一、思考与讨论

1. 为了更好地使用计算机，应如何添加输入法、设置计算机？
2. 管理数据为什么要建立合理的文件目录？
3. 搜索与查找相关资源的方法有哪些？
4. 如何进行数据文件的分类与整理？
5. 为了确保数据的安全可靠，如何进行数据存档、隐藏与管理？

二、总体思路

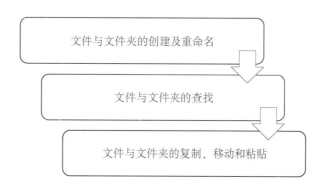

方法与步骤

一、新建文件夹

1. 打开计算机组织管理界面，在左侧窗口单击根目录"D:"；在右侧窗口内容区空白处右击，在弹出的快捷菜单中的选择"新建/文件夹"命令（或在组织管理界面单击"新建文件夹"按钮),如图 1-3-1 所示。在反白显示状态(并有一光标在闪)下直接输入要求的文件夹名"十周年庆",按回车键结束。

图 1-3-1　新建文件夹

2. 双击刚刚新建的"十周年庆"文件夹,按照以上操作,可以新建子文件夹"文本";再创建"视频""图片"和"其他"子文件夹,目录结构如图 1-3-2 所示。

图 1-3-2　目录结构

二、查找相关文件或文件夹,并复制、移动

1. 选择 D 盘根目录,单击"搜索筛选器"文本框,如图 1-3-3 所示。

图 1-3-3　搜索文件或文件夹

2. 在文本框内输入"公司发展历程.txt",如图 1-3-4 所示。

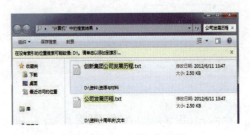

图 1-3-4　搜索结果

3. 单击此文件,按快捷键[Ctrl]+[C],然后在"D:\十周年庆\文本"文件夹中按快捷键[Ctrl]+[V],将此文件复制到该子文件夹中。

4. 单击"搜索筛选器"文本框,在文本框内输入"*.jpg",在搜索结果界面中,单击任意一个文件;按快捷键[Ctrl]+[A]命令,选中所有结果,如图 1-3-5 所示。

图 1-3-5　选取文件

5. 选中"D:\十周年庆\图片"文件夹,如图 1-3-6 所示,单击"复制"按钮。

图 1-3-6　复制结果

6. 单击"搜索筛选器"文本框,在文本框内输入"网页",在"D:"目录中搜索。

7. 单击此文件夹,按快捷键[Ctrl]+[X],然后在"D:\十周年庆"文件夹中按快捷键[Ctrl]+[V],移动到该文件夹中。

三、整理文件或文件夹,并重命名

1. 打开资源管理器,展开到"D:\十周年庆"文件夹,选中"网页"文件夹,右击,选择"重命名"命令,如图 1-3-7 所示。

图 1-3-7　文件夹重命名

2. 输入"网站",击[Enter]键完成重命名设置,目录结果如图 1-3-8 所示。

图 1-3-8　目录结果

四、文件与文件夹属性的设置

1. 设置文件列表显示形式、文件的预览及排序方式:

(1) 在资源管理器中打开 D 盘下的"照片"文件夹,右击右窗格空白处,在快捷菜单中选择"查看/超大图标",如图 1-3-9 所示。

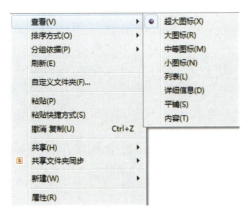

图 1-3-9　利用快捷菜单设置文件显示形式

(2) 启用 Windows 7 中的预览,如图 1-3-10 所示,单击工具栏右侧的"显示预览窗格"按钮,此时窗口右侧会显示预览窗格。点击想要预览的文件,即可在该窗格里看到文件的内容。点击工具栏右侧"隐藏预览窗格"按钮,可实现切换。

图 1-3-10　文件的预览

提醒

并非所有类型的文件都可以预览。只有在系统中注册时,同时注册了用于负责预览工作的预览器的文件类型才可以被资源管理器预览。

2. 隐藏私密的文件和文件夹:

(1) 在 D 盘下新建一个"私人"文件夹,将"照片"文件夹中两张照片移动到"私人"文件夹。

(2) 右击该文件夹,在快捷菜单中选择"属性",在属性窗口"常规"选项卡中可以看到该文件夹(或文件)的位置、大小、创建时间等信息,并可在下方选择其属性为"只读"或"隐藏"。

(3) 勾选"只读"和"隐藏"属性,单击【确定】完成设置,如图 1-3-11 所示。

图 1-3-11　文件夹的属性窗口

（4）在"确认属性更改"对话框中，选择"将更改应用于此文件夹、子文件夹和文件"选项，单击【确定】按钮，如图1-3-12所示。

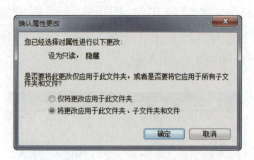

图1-3-12 "确认属性更改"窗口

（5）选择"组织"菜单下的"文件夹和搜索选项"命令，如图1-3-13所示，在"文件夹选项"对话框中单击"查看"选项卡。在"高级设置"区，点选"不显示隐藏的文件、文件夹或驱动器"选项，如图1-3-14所示，单击【确定】，实现文件夹隐藏。

图1-3-13 组织

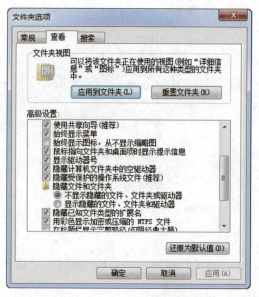

图1-3-14 文件夹选项

五、检查与交流分享

1. 认真检查

检查创建的文件和文件夹，确保它包括以下方面：

（1）文件和文件夹位置和名称正确。

（2）文件分类保存正确。

（3）数据盘刻录成功。

2. 交流分享

掌握创建、搜索目录和文件的方法，观看其他同学的目录结构和文件分类存储管理，对其操作评价；认真倾听其他同学的意见和建议，汲取他人的意见，完善自己的操作结果。

在进行交流分享之前思考并讨论：怎样有效管理数据？

 知识链接

一、基本术语

1. 文件

文件是一组在逻辑上相关的信息的集合，在文件中可以存放语言程序代码、数据、图像或其他信息。文件名的格式为：主文件名［.扩展名］

2. 文件夹

文件夹是操作系统组织和管理文件的一种形式，通常称为目录。每个磁盘只能有唯一的根文件夹（或称根目录）。它是在磁盘初始化时由系统自动建立的，不能删除。

3. 资源管理器

资源管理器可以以分层的方式显示计算机内的所有文件及文件夹。使用资源管理器可以方便地实现浏览、查看、移动和复制文件或文件夹等操作。

二、文件和文件夹的操作

1. 发送文件和文件夹

发送文件或文件夹的作用等同于复制。在 Windows 7 中，可以直接把文件或文件夹发送到 U 盘、"我的文档"或"邮件接收者"等地方，具体操作方法如下：

（1）选定要发送的文件或文件夹。

（2）单击"文件"菜单下的"发送到"命令，选择发送目标即可；或单击鼠标右键，在弹出的菜单项中选择所需要的命令。

2. 搜索框

Windows 7"开始"菜单下方的搜索框，为在计算机上查找程序和文件提供了便捷的途径。搜索框不要求用户提供确切的搜索范围，它将遍历安装的程序、控制面板以及与当前用户相关的硬盘和库中的文件夹。在搜索框一经键入搜索项内容，即使只有一个字母，搜索结果立即显示在"搜索"框上方的"开始"菜单左窗格中，随着搜索项内容的增加，搜索结果的数量越来越少、越来越精确。

自主实践活动

1. 活动背景

小赵是学生会的秘书，最近，学生会正在筹办校园文化艺术节。校园文化艺术节内容有歌唱比赛、摄影展览、"中国梦"知识竞赛和时事辩论赛。小赵具体负责选手报名、歌曲准备、摄影作品收集、题目汇总等工作。一开始小赵把这些文件随意放在 D 盘"艺术节"文件夹内，随着文化艺术节活动的不断深入开展，该文件夹中内容越来越显得杂乱无章。

2. 操作要求

（1）整理该文件夹，将音乐文件放在歌曲文件夹内。

（2）将图片文件放在摄影文件夹内。

（3）将文本文件放在题目文件夹内。

（4）删除多余的文件。

活动四　文件共享协同管理

活动要求

工作组成员要将保存在不同目录下有关集团公司文件保存到"创新集团公司"库中；为了方便工作组成员的协同工作，还要建立一个共享协同快盘，方便在不同时间、不同地点讨论工作。

活动分析

一、思考与讨论

1. 如何建立库？怎样将库与文件夹（含文件）相互关联？
2. 如何申请快盘？怎样协同工作？

二、总体思路

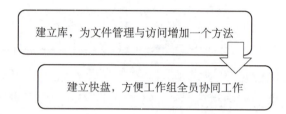

方法与步骤

一、善用"库"管理文件

1. 创建"创新集团公司"库

（1）双击桌面"计算机"图标，单击"库"选项，单击"新建库"，如图1-4-1所示。

图1-4-2 新建库窗口

图1-4-1 库窗口

（2）在库名内输入"创新集团公司"，回车确定，如图1-4-2所示。

2. 将相关文件夹包含到"创新集团公司"库中

（1）在G盘根目录下，选中"战略发展规划"文件夹右击，在出现的快捷菜单中选择"包含到库中/创新集团公司"命令，如图1-4-3所示。

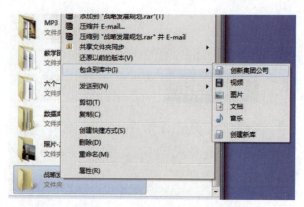

图1-4-3 文件夹包含到库中

(2) 在"库"窗口,右击"创新集团公司"库,在快捷菜单中单击"属性"命令,出现"创新集团公司属性"对话框,如图1-4-4所示。

图1-4-4 "创新集团公司属性"对话框

(3) 单击"包含文件夹"按钮,出现"将文件夹包括在'创新集团公司'中"对话框,选中G盘目录下"联系群众"文件夹,单击【包括文件夹】按钮,如图1-4-5所示。

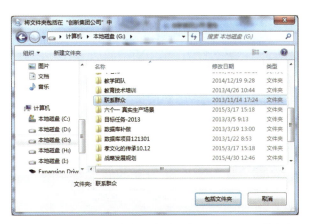

图1-4-5 将文件夹包括在"创新集团公司"库中

(4) 返回"创新集团公司属性"对话框,单击【应用】按钮,单击【确定】按钮,如图1-4-6所示,完成文件夹包含。

使用上述方法,将D盘"公司宣传视

图1-4-6 "创新集团公司"属性对话框

频"、H盘"领导讲话"和I盘"十周年庆"3个文件夹包含到"创新集团公司"库中,结果如图1-4-7所示。

图1-4-7 创新集团公司库

提醒 将文件或文件夹添加到库,不是将文件或文件夹复制到库中,而是存放到库中一个访问路径,文件或文件夹在原来的存放位置不动。

3. 优化"创新集团公司"库

在"创新集团公司属性"对话框中,选中"公司宣传视频"文件夹,单击"优化此库"项下拉箭头,选择"视频"项,单击【应用】按钮,单击【确定】按钮,完成视频优化,如图1-4-

8所示。

二、创建工作组网盘

1. 网盘帐号注册

（1）在浏览器地址栏输入"www.kuaipan.cn"，打开界面后点击【免费注册】按钮，如图1-4-9所示。

图1-4-8 优化此库

图1-4-9 快盘首页

图1-4-10 注册页面

（2）出现注册界面后，点击"邮箱注册"选项卡，在邮箱地址栏输入常用邮箱，然后输入密码，再次输入密码后确认。根据图片的字母输入验证码后，点击【立即注册】按钮，如图1-4-10所示。

（3）在出现的页面上方会出现注册的账

号,表示已经登录,然后单击页面下方的【云U盘下载】按钮,如图1-4-11所示。

图1-4-11　云U盘下载页面

（4）进入快盘的平台选择页面后,选择"快盘(同步版)"选项,然后单击下方的【立即下载】按钮。

（5）在浏览器弹出下载界面,点击"浏览"设置下载路径,在新建下载任务对话框中,单击【下载】按钮,该软件将被下载到设置的路径。

（6）下载完毕后,对应的路径会出现绿色的快盘图标,即为快盘软件,然后双击【快速安装】按钮,该软件开始安装,如图1-4-12所示,完成安装。

图1-4-12　快盘安装界面

（7）安装结束后,出现"快盘重启生效"对话框,单击【是】按钮,重启计算机使快盘组件生效。

（8）双击桌面启动快盘快捷图标,启动快盘程序,输入注册的邮箱账号和密码,然后单击【登录】按钮,如图1-4-13所示。进入快盘可以如本地磁盘一样使用。

2. 快盘同步使用

快盘申请好后,告知工作组所有成员快盘登录账号与密码,工作组成员可以在任何

图1-4-13　快盘登录界面

地方上网访问快盘空间。通过设置也可以实现有针对性的协作。

（1）首次登录会出现图1-4-14所示界面,生成快盘文件夹(此处会在D盘下自动生成名为"快盘"文件夹),单击【下一步】按钮。

图1-4-14

（2）进入快盘设置锁定密码界面,选择是否对上一部设置的快盘文件夹加密。如果选择加密,需输入两遍密码,这里选择【否】按钮,然后单击【下一步】。

（3）登录快盘后的界面,如图1-4-15

图1-4-15　快盘登录界面

所示,单击"我的协作"。"我的协作"功能用于不同帐户间共享文件。

(4) A 账户 20140011@stiei.edu.cn 是教师账户,B 账户 865518605@qq.com 是学生账户。A 账户(教师)的快盘文件夹下放有 2014 级学生实习的文件夹,此文件夹下为学生 B、C、D、E 建立的子文件夹,存放每个学生的实习作业,如图 1-4-16 所示。

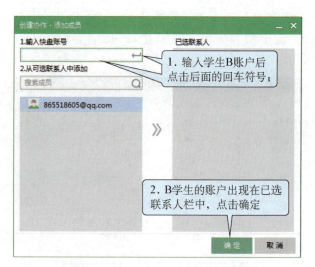

图 1-4-18　添加成员对话框

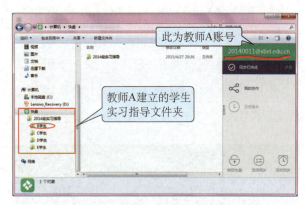

图 1-4-16　教师快盘界面

(5) 教师 A 点击"我的协作"分别把 B、C、D、E 学生的帐号连接起来,以 B 学生帐号为例创建协作,如图 1-4-17 所示。

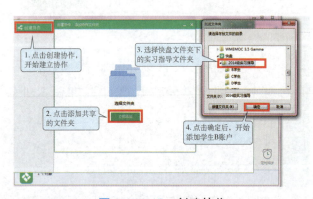

图 1-4-17　创建协作

(6) A 教师在自己的帐号内添加 B 学生的帐号,使之与自己的帐号连接起来,同样可以把学生 C、D、E 学生的帐号连接起来,如图 1-4-18 所示。

(7) B 学生在自己的帐号上先同步"快盘协作"下 A 老师的帐号 20140011@

stiei.edu.cn 文件夹内容,如图 1-4-19 所示。

图 1-4-19　同步快盘协作

(8) 同步 A 教师的文件夹后,学生 B 自己的帐号内会出现 A 教师设置的协作文件内容,如图 1-4-20 所示。

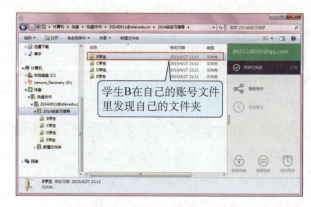

图 1-4-20　同步协作互通

(9) 学生 B 将自己的作业"实习作业 1"放到协作文件夹以自己名字命名的文件

夹里,快盘会自动同步到关联账户的文件夹下;A教师可登录自己的帐号,打开B学生的文件夹,看到B同学提交的实习作业,实现有针对性的工作协作,如图1-4-21所示。

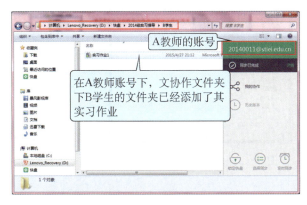

图1-4-21 协作工作界面

五、检查与交流分享

1. 认真检查

检查操作步骤与规范,确保完成以下操作:
(1)"库"式管理,包含相关文件夹。
(2)快盘的安装与协同设置。

2. 交流分享

展示成果,观看其他同学的成果并评价;认真倾听其他同学的意见和建议,汲取他人的意见,完善操作。

在进行交流分享之前思考并讨论:
(1)"库"式管理的机制是什么?
(2)在文件数据使用中,快盘协同与网络共享的区别?

Windows 7 的库功能

库是Windows7操作系统推出的一个有效的文件管理模式,库是一个特殊的文件夹,可以向其中添加硬盘上任意的文件夹。但是这些文件夹及其中的文件实际还是保存在原来的位置,并没有移动到库中,只是在库中登记了它的信息和索引,添加一个指向目标的快捷方式。这样就可以在不改动文件存放位置的情况下集中管理,提高工作的效率。

打开Windows资源管理器,就可以看到库,如图1-3-22所示,默认的库有4个,分别是"视频""图片""文档"和"音乐"。可以向其中导入各种文件和文件夹,也可以自建新库。其方法是:打开库文件夹,右击,在快捷菜单中选择"新建"下的"库"命令,输入库的名称后即创建了新库,双击进入后,单击界面上的按钮,如图1-3-23所示,即可浏览选择将希望导入的文件夹包含进来。

右击新建的库,在快捷菜单中选择属性,打开库属性窗口,如图1-3-24所示,单击"包含文件夹"按钮,浏览选择要包含的文件夹。在"优化此库"下拉列表中,还可以对该库的类别进行优化选择。

新建的库及导入的文件夹列表,所有的层级关系在左侧库列表中以树状显示,如图1-3-25所示,单击其中的节点可在右侧的文件列表中看到每个文件的信息,并可双击打开。

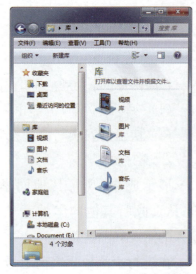

图 1-3-22　Windows 7 的库

图 1-3-23　进入新建的库

图 1-3-24　库属性窗口

图 1-3-25　库列表的树状显示

小贴士　　　　　　　　　　Windows 10

　　Windows 10 是美国微软公司正在研发的新一代跨平台及设备应用的操作系统,目前这款操作系统的内测者预览版已经发布并开始公测。正式版则预计于 2015 年夏季发布。Windows 10 的系统内核为 NT 10.0,有 7 个发行版本,分别面向不同用户和设备。

小贴士　　　　　　　　　　Android

　　Android 是一种基于 Linux 的自由及开放源代码的操作系统,主要使用于移动设备,如智能手机和平板电脑,由 Google 公司和开放手机联盟领导及开发。

　　Android 本意指"机器人",Google 公司将 Android 的标识设计为一个绿色机器人,表示 Android 系统符合环保概念,是一个轻薄短小、功能强大的移动系统,是第一个真正为手机打造的开放性系统。

 自主实践活动

1. 背景与任务

学校要举办艺术节,你作为艺术节领导小组成员,负责管理艺术节期间的文件。

2. 设计与制作要求

(1) 建立"艺术节"库,包含艺术节期间相关文件。

(2) 构建学习课题小组快盘,小组成员协同工作。

 归纳与小结

在日常工作、生活和学习中,时常要购买计算机整机或配件,要给计算机安装软件,为计算机添加新的辅助设备,搭建网络平台;有时还要负责管理数据,和协同工作。其过程和方法是:

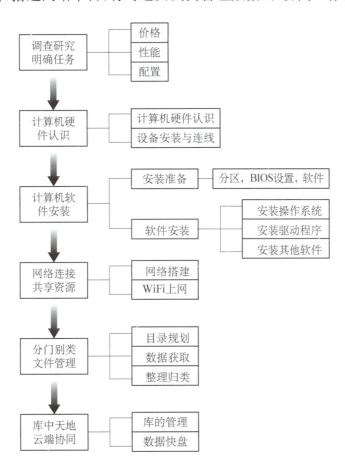

项目二

信息的获取
——"电子垃圾处理"宣传活动的准备

情境描述

我们已经步入家电以及各种电子通讯器材的更新换代高峰期，电子垃圾的数量迅速增长，给人类的生存环境和人体健康带来了极大的危害。为了保护我们的生存环境，普及合理处理电子垃圾的相关知识，学校决定开展一次"电子垃圾处理"宣传活动。

活动一　开展有关电子垃圾主题的调查活动

活动要求

要制作任务的宣传单，首先需要了解人们对电子垃圾的认识情况，因此需要调查本校学生家庭都有哪些电子垃圾，一般是如何处理电子垃圾的。为此，先设计调查问卷，确定调查问卷的内容并设计调查问卷的题目；然后思考如何实施问卷，一般采用下发纸质问卷，或者利用免费的网络调查问卷平台开展调查；最后统计分析调查问卷的数据。

活动分析

一、思考与讨论

1. 要使宣传单上的内容有意义、有价值，需要获取哪些关于电子垃圾的信息？如何设计问卷内容？

2. 获取信息的方法有哪些？不同方法有何优缺点？哪些方法获取信息更便捷？本活动采用什么工具实施调查效率最好？如何处理不同来源的统计数据？

3. 根据调查目的以及电子宣传单的内容思考，如何统计与分析信息？

二、总体思路

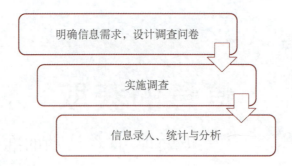

方法与步骤

一、明确信息需求，设计调查问卷

调查是在样本人群中，以问题-回答的方式获取信息的方法。设计合理的问卷题目，可以获得准确的信息。

1. 明确调查信息需求。在调查前，要明确调查需求，确定将要调查的要素。本次调查主要获取人们对电子垃圾的认识、家庭生活中的电子垃圾种类、电子垃圾回收和处理的现状、电子垃圾的危害等问题，围绕这些问题设计调查问卷内容。

2. 设计调查问卷内容。在明确调查的信息需求的基础上，设计具体的问卷内容。问卷题目尽量使用选择题，像"其他"这种开放性的选项应尽量避免，因为它会给后续的统计与分析带来不便。

调查问卷样张如下：

问卷调查表

1. 您的年龄？
   A. 10～25 岁   B. 26～45 岁
   C. 46～55 岁   D. 56 岁以上

2. 您认为以下哪些属于电子垃圾？（可多选）
   A. 废电池、废电视、废电脑
   B. 破旧玩具   C. 烂铜废铁
   D. 废旧手机及零件   E. 有机污染物

3. 为什么您家里会有电子垃圾？（可多选）

   A. 坏了，无法使用
   B. 用的时间长了，过于老旧或速度减慢等问题
   C. 对新功能和款式的需要
   D. 购买新产品比维修划算
   E. 其他_____

4. 您了解电子垃圾的危害吗？
   A. 危害很大   B. 有害
   C. 无害   D. 不知道

5. 您认为电子垃圾的危害是什么？（可多选）
   A. 造成生态环境如水资源和大气环境的破坏
   B. 危害人的健康
   C. 浪费资源
   D. 阳光暴晒会造成严重的爆炸危害
   E. 没什么大危害

6. 您是否了解有关于电子垃圾处理的途径或方法？
   A. 相当了解   B. 有所了解
   C. 不了解   D. 无需了解

7. 您平常是怎样处理日常生活中产生的电子垃圾的？
   A. 送到电子垃圾回收站点
   B. 卖给私人回收的小商小贩
   C. 跟普通垃圾一起扔掉
   D. 堆放在家中
   E. 其他_____

8. 在处理电子垃圾是时，您考虑哪些因素？（可多选）

A．回收的价格高低

B．能否上门回收

C．是否有合法资质

D．电子垃圾被收走后,处理是否对环境造成污染

E．电子垃圾被收走后,是否被有效地回收利用

9．您认为为何正规电子垃圾回收工厂回收量难以达到预期标准?（可多选）

A．回收价格太低

B．回收站不够普及

C．企业或市民不够重视

D．宣传不足

E．其他_____

10．您认为电子垃圾中什么部分可以被回收利用?

A．电池　　　B．显示屏的玻璃

C．电路板　　D．电线

E．塑料　　　F．金属

11．您认为回收和处理电子垃圾的责任应该由谁承担?

A．使用电子产品的电子消费者

B．电子产品生产企业

C．电子产品销售企业

D．政府

E．其他_____

12．您知道目前国家新出台的《废弃电器电子产品回收处理管理条例》吗?

A．知道　　　B．不知道

13．希望您能在此留下对电子垃圾处理问题的意见或建议:

二、实施调查

调查实施前要做好充分的准备工作,确定实施方案。

1．明确调查对象和数量。本活动的调查对象可以是本校学生或者本班级的学生,也可以根据实际情况,找校外的社会人员共同参与,根据本次调查选取的样本数(如100

人)确定。

2．确定调查日期、时间与地点:

(1)调查日期:星期一至星期三,3天。

(2)调查时间:第一段时间置于午餐后到下午上课前,第二段时间放在下午放课后。

(3)调查地点:食堂、校门口内与教室。

3．确定问卷的开展形式。可以采用两种形式开展问卷,一种是纸质形式,将问卷打印,在学校内随机邀请其他同学参与;第二种是利用信息化平台来开展问卷。这里重点介绍第二种方法。

目前互联网上有很多免费的调查问卷平台,本活动以"问卷星"平台为例。

(1)注册和登陆问卷星:在浏览器地址栏中输入www.baidu.com,在百度的搜索输入框中输入"问卷星",或者直接在地址栏中输入http://www.sojump.com,点击注册,输入用户名、密码、邮箱、验证码等信息,完成注册并登陆,如图2-1-2所示。

图2-1-2　注册"问卷星"

(2)录入问卷:点击登陆后的网页右上角的"我的问卷",如图2-1-3所示,录入问卷题目。点击【确定】后,可以编辑问卷题

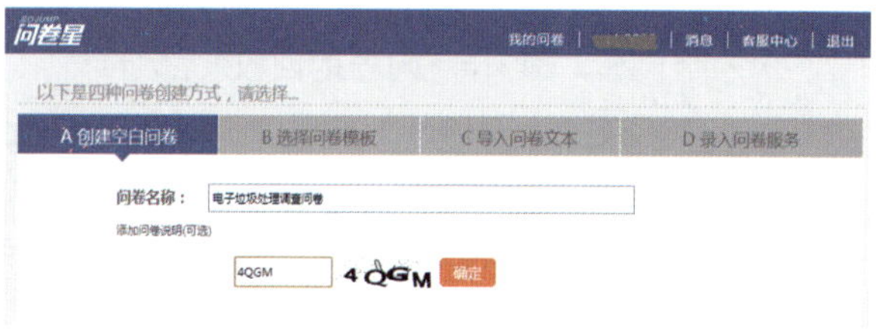

图2-1-3　创建问卷

目,如图2-1-4所示,可以添加单选、获选、填空等题型的题目。

图2-1-4　编辑问卷题目

（3）发布问卷:录入问卷题目后保存,再点击"完成编辑",进入发布页面,如图2-1-5所示,点击"发布此问卷"。

图2-1-5　问卷的发布

（4）问卷的回收:为了让更多的人参与本次问卷,可以选择多种分享问卷的方式,扩大调查人群范围,如图2-1-6所示。

图2-1-6　问卷的回收

4．调查时不可遗漏：

（1）取得调查证据。要安排专职的调查取证员,取证可以拍照、摄像、录音等方式进行。

（2）赠送纪念品。最好能自己制作一些小纪念品（如书签等）,调查时送给调查对象,可能会得到更好的配合。

三、调查问卷数据的统计与分析

为了客观、准确、全面地收集用户数据,需要数字化纸质问卷的数据,将问卷结果数据整合到问卷平台中,要利用信息化平台重新作答所设计的问卷。

问卷星平台提供简单的数据统计分析功能,以图表形式反应统计分析结果,使调查结果更直观、明晰,可以直接用于后续活动宣传册制作。

点击网页右上角的"我的问卷",在问卷列表中,点击"分析&下载"下拉菜单的"统计&分析",如图2-1-7所示,查看具体的统计分析结果。

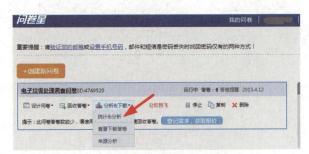

图2-1-7　查看调查问卷结果

问卷星支持问卷结果的图形化显示,可以以表格、柱状图、饼状图等多种形式直观地显示数据结果,如图2-1-8所示。

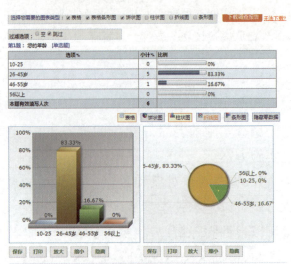

图2-1-8　调查结果的图形化显示

一、信息

1. 信息的概念

信息是以声音、语言、文字、图像、动画、气味、感知等方式表示出来的实际内容。信息是客观事物状态和运动特征的一种普遍形式。客观世界中大量存在、产生和传递着以这些方式表示出来的各种各样的信息。例如，冰天雪地、木枯叶落，这是大自然带给我们季节变换的信息；新闻报道、商品广告，这是社会带给我们的信息；上课铃声响了，把我们从尽情的嬉戏中唤醒，这是学习生活中的信息；科学实验、学术交流，给我们带来了科学的信息。

我们无时无刻不与信息联系，生活充满了信息。我们点头、摆手、跺脚、摸鼻子、说、唱等，一举一动都在发出或传递信息。人与人间传递信息可通过肢体语言、口头语言、书面语言等。按信息的表现形式的不同，信息可分为文本、声音、图像、视频、动画等类型。

2. 信息的特征

不同的文献对信息的特征有不同的描述，比较统一的观点认为有以下几个特性：

（1）载体性。信息产生后，必须借助某种符号和物体才能表现出来，而且同一信息还可以借助不同的载体来表现，比如新闻通过广播、电视、报纸等。信息离开载体就不能存储和传递。

（2）不灭性。信息的载体可以变换，可以被毁掉，如一本书、一张光盘，但信息本身并没有被消灭。

（3）共享性。共享信息的人越多，信息的价值越大。信息共享的途径有许多，如复制。一条信息复制成100万条信息的费用是十分低廉的，尽管信息的创造可能需要很大的投入，但复制只需要载体的成本，可以大量地复制，广泛地传播。

（4）时效性。一条信息在某一时刻价值可能非常高，但过了这一时刻，可能就一点价值也没有了。比如，金融信息，在刚出现的时候，是非常有价值的，但过了这一时刻，它就会变得毫无价值；又如战时的信息，敌方的信息在某一时刻有非常重要的价值，可以决定胜负，但过了这一时刻，这一信息就可能变得毫无用处。因此，信息的时效性要求及时获得和利用信息，这样才能体现信息的价值。

（5）价值性。即信息能够满足人们某些方面的需要，如知道了哪一天考试，考什么，对我们来说就很有价值，因为据此可以安排复习时间。

二、获取信息的途径

信息技术的发展与进步，丰富了获取信息的途径，尤其是随着互联网技术的革新、智能终端的普及，人们获取信息的方式更为便捷、高效。常用的信息获取途径包括以下几种。

1. 直接获取信息的人类感觉器官

眼、耳、舌、鼻、皮肤——人的感觉器官生来就是为了感受和获取信息的，它们是信息的收发器，不但可以通过触、听、视、味和嗅觉等感受到信息，而且有些还具备向外界发出信息的能力。

2. 利用信息工具获取信息

感觉器官获取信息存在很大的局限性，如人可以感知热，但不能感知具体的温度。经过不断努力,人类创造和发明了各种获取信息的仪器、仪表和传感器等,使用这些工具来获取更多、更精确的信息。随着电子技术的成熟和普及,智能终端已成为人们获取信息的主要途径,如使用手机的拍照、摄像功能获取信息,利用视频摄像机拍摄视频等。

3. 获得真实可靠信息的社会调查

社会调查是指运用观察、询问等方法直接从社会了解情况、收集资料和数据。社会调查收集到的信息是第一手资料,因而比较接近社会,接近生活,获取的信息真实、可靠。

社会调查可采取填写调查表、与人交谈、拍摄静、动态画面等的具体方式进行。社会调查前,一定要做好调查主题、角度等方面的设计,因为它是影响社会调查采集的信息可信度的重要原因之一。

4. 利用互联网间接获取信息

随着信息技术的发展,数字化信息已经成为信息呈现方式的主流,互联网已经成为获取信息最方便、最快捷的方式。网络上的信息资源非常丰富,包括不同学科、不同领域、不同地区、不同语言的各种信息,它们组成了世界上最大的信息资源库。获取信息的方式包括直接浏览提供信息服务网站(如网易、搜狐等)、利用搜索工具(如百度搜索)获取不同类型的信息资源等。

三、信息真伪的辨别

对获取来的信息还要加以鉴别才可以利用,否则很容易被信息的大潮所淹没,被虚假的信息所蒙骗。在微博、微信等社交媒体迅速发展的时代,每个人都是信息的发布者,大量的信息充斥在我们周围,其中有很多是无用的、不良的、有害的信息。若不具备很强的是非对错的判断能力,极容易受到虚假的、不良的信息蒙骗与诱惑。

要不断提高自身的信息辨别能力,从信息的来源、信息的价值、信息的时效性3个方面判断信息。"从信息的来源进行判断"强调的是从信息来源的多样性中确定权威、可信的信息源,通过逻辑推理、与同类信息进行比较、实地考证等方式判断信息的要素是否齐全,信息的来源是否来自权威部门等;"从信息的价值取向进行判断"强调的是对于不同社会角色,所需要的信息是不同的,只有满足自己需要的信息才是有用的信息;"从信息的时效性进行判断"强调的是不同的信息有不同的时效性,这是信息的真正价值所在。

自主实践活动

1. 背景与任务

志愿服务是一项高尚的工作。志愿者所体现和倡导的"奉献、友爱、互助、进步"的精神,是中华民族助人为乐的传统美德和雷锋精神的继承、创新和发展。学生可以尝试体验各种志愿者服务工作,如机场志愿者、社区志愿者、环保志愿者等。让我们体验一次地铁志愿者活动,并制作一份地铁志愿者服务宣传栏。

2. 设计与制作要求

利用学校图书馆,查阅相关书籍或者杂志,或者通过实地考察等多种方式,了解志愿者服务工作及价值,不同领域志愿者的服务内容、对志愿者的素质和能力要求以及所需要做的准备工作,收集相关信息制作一份地铁志愿者服务宣传栏。

活动二　获取电子垃圾处理现状的信息

  活动要求

为了解人们日常生活中是如何处理电子垃圾的,必须通过多种途径获取相关信息,如随机采访市民并使用录音笔录音;实地考察电子垃圾回收站和处理中心并拍摄处理电子垃圾的照片,录制相关视频;到商场了解以旧换新活动的详细内容。将所拍摄的照片或者录制的视、音频信息导入到电脑中,为制作宣传册准备素材。

  活动分析

一、思考与讨论

1. 结合电子垃圾宣传板的制作需求,获取人们日常生活如何处理电子垃圾的相关素材。请思考,应该获取哪些素材,到哪里去获取?

2. 不同信息技术工具获取的信息类型也有所不同。常见的信息获取工具有哪些?不同工具有什么优势?本活动你打算使用哪些工具获取不同类型的信息?

3. 如果信息是存储在终端设备的存储卡上的,要将信息存储到电脑上,如何操作?需要做好哪些准备工作?

二、总体思路

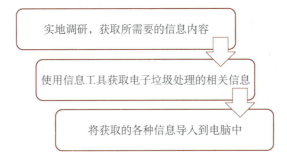

  方法与步骤

一、实地调研,获取所需要的信息内容

可以获取信息的途径和方法包括:

(1) 随机采访市民并询问"日常生活中你是如何处理电子垃圾的"等相关问题,在征询采访者的同意后使用录音笔录音;

(2) 到家电回收站或者手机回收站实地考察,咨询工作人员他们是如何处理回收电子垃圾的,可以拍摄处理电子垃圾的照片或者录制相关视频;

(3) 到商场了解家电以旧换新活动的详细内容,以及活动的开展情况,获取相关视频、音频和图像信息。

二、使用信息工具获取电子垃圾处理的相关信息

信息获取工具有很多,操作方法也不同。智能终端能够满足日常获取信息的各种需求,操作简单便捷。

1. 录音工具

常见的录音工具有录音笔,如图2-2-1所示,或者手机录音软件。不同型号的录音笔操作也略有不同。录音笔具体使用方式可以查看产品的说明书。使用手机录音要先下载、安装录音软件,界面如图2-2-2所示,可以设置录音时长、录音格式等。

图 2-2-1　录音笔

图 2-2-2　"终极录音"软件操作页面

2. 手机拍照和视频功能

手机是目前使用率最高的拍摄工具。手机摄像头功能强大,很多型号已经达到1000万以上像素,支持数码变焦,所拍摄的图片尺寸和视频质量已经超越数码相机等摄影器材。

大部分手机都具有"相机"软件,如图2-2-3所示,可以设置长宽比例、照片质量、保存位置等,如图2-2-4所示。为了取得较好的拍摄效果,需要注意一些拍摄技巧,如合理使用变焦功能、曝光要准确、合理构图、改变拍摄角度等多种方法。

图 2-2-3　手机拍照功能　图 2-2-4　手机拍照功能设置

三、将获取的信息导入到电脑中

为了使用所获取的各种类型的信息,需要将这些信息导入到电脑中。在导入前需要准备与所使用设备或者终端匹配的连接数据线。

1. 将录音笔信息导入到电脑中

把录音笔通过数据线连到电脑的USB接口,如图2-2-5所示,在电脑上,"我的电脑"中会出现一个"可移动磁盘",打开可移动磁盘,录音文件就在文件夹里,选中文件,直接拷贝到电脑中即可。

图 2-2-5　录音笔和电脑的连接

2. 将手机信息导入到电脑中

将手机文件传到电脑上,有很多方法,常用的方法包括以下几种:

(1)数据线传输:这是最为常见的一种手机数据传输方式,将手机通过数据线与电脑相连接。目前有很多用户体验良好的客户端软件,如百度手机助手、360 手机助手等,便于用户管理手机文件,如图 2-2-6 所示。

图 2-2-6　百度手机助手软件

(2)读卡器:读卡器是传输速度快、安装最简单的一种文件传输方式,还可以结合存储卡当移动磁盘使用,价格也比较便宜。但这种方式时需要经常取下手机中的存储卡,用起来不方便。

(3)无线连接:很多手机应用程序提供了无线传输文件功能。使用前要在电脑和手机上下载并安装相同的客户端软件。如使用手机 QQ 或者微信传输文件,在电脑上也要下载、安装 QQ 或微信。若用微信传输,用手机"扫一扫"登录电脑版网页微信,如图 2-2-7 所示。左面是手机界面,右边是电脑界面,点击对话框第一行"文件传输助手"即可。

图 2-2-7　使用微信文件传输助手 1

在打开的对话框里点击加号按钮,选择要传输的文件类型(图片、拍照、视频等),如图 2-2-8 所示,点击拍摄传输拍摄的照片。传输完成后在电脑端即可收到刚才手机拍下的照片,在略缩图片上点击可以放大图片。

图 2-2-8　使用微信文件传输助手 2

提醒

(1)获取信息的技术工具有很多,可以根据需要选择合适的工具获取信息。

(2)可以使用智能终端下载具有写、录、拍、摄等功能的软件,利用软件来获取信息。

一、培养良好的社会信息道德

每一个人既是独立的主体,又是与生活的社会息息相关的个体。因此,做每一件事不能只从自己的角度考虑,而应该放到社会中,考虑是否会给社会带来危害。从任何途径获取信息,都应该学会辨识什么信息是有益的,什么信息是无益也无害的,什么信息是有害的(如色情网站、黑客攻击等)。有益的信息多多益善;无聊的信息可偶尔为之,但切不可沉溺于此;有害信息则千万不可接触,使用或发布有害信息有可能导致不可挽回的损失。

网络是虚拟的承载、传播信息的空间,但是不能因为它的虚拟性,就在其上大肆发表不负责任的言论,甚至搞人身攻击;也不能因为自己有一技之长(如掌握了黑客的技能,应该去反制黑客,而不是成为黑客),就去破坏别人的信息,攫取别人的钱财,把自己的快乐建立在别人的痛苦之上。任何时候都必须遵守法律规范。

养成良好的社会信息道德,不仅对我们人生发展大有益处,而且也是防范信息不被破坏的有力武器。因为很多的恶意代码(病毒、蠕虫、木马)都寄生在不良网站上,如果经不起引诱而浏览了这些网页,恶意代码就会随着网页进入系统,这无异于开门揖盗。

要尊重和保护知识产权,考虑作者的权益,未经同意不要擅自将他人的作品或者知识产品用于商业目的。照片或者视频涉及肖像权或者他人权益的,需要经过同意才可公开使用,以免不恰当使用给当事人造成负面的影响或者带来损失。

二、文件的压缩和解压缩

为减少存储存空间,提高文件在互联网传输的速率,可以借助压缩工具,将大文件压缩成较小的文件。具备文件压缩功能的软件有很多,以 WinZIP 与 WinRAR 最为常见,这两种压缩软件在许多方面的性能、功能都不相上下。本活动介绍 WinRAR。

1. 压缩软件界面

单击"开始/所有程序/WinRAR/WinRAR"启动压缩软件,界面如图 2-2-9 所示。

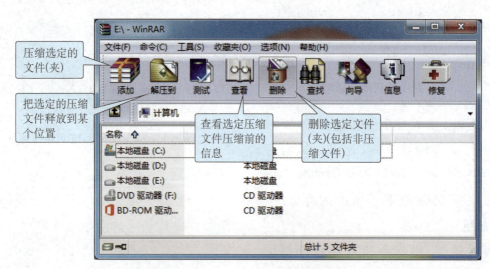

图 2-2-9 压缩软件界面

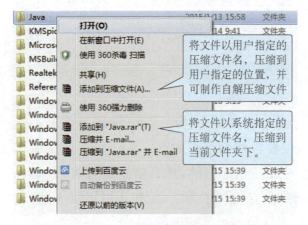

图 2-2-10 压缩文件到指定位置

2. 文件的压缩

除了主窗口可以压缩文件外,还有更方便的压缩方法。安装 WinRAR 后,它会将操作命令添加到右击鼠标的快捷命令中,如图 2-2-10 所示。点击"添加到压缩文件(A)…",显示如图 2-2-11 所示的对话框。压缩方式选项有:

(1) 存储:打包,不压缩;

(2) 最快:高速,压缩率很低;

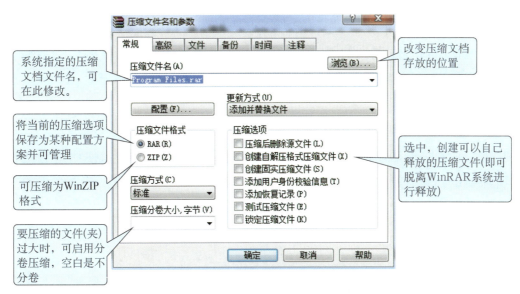

图 2-2-11 添加到档案文件

（3）较快：快速，压缩率较低；

（4）标准：速度与压缩率平衡；

（5）较好：压缩率较高，速度较低；

（6）最好：压缩率最高，速度最低。

其他设置可在"高级""文件""备份"等选项卡中进行，一般使用默认设置即可。

3. 文件的解压缩

与压缩一样，解压缩也可使用快捷菜单进行。右击压缩文件，弹出快捷菜单，如图 2-2-12 所示。

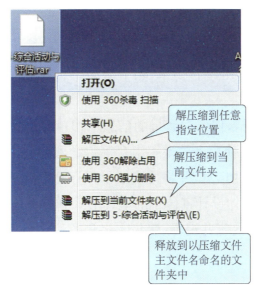

图 2-2-12 文件的解压缩

自主实践活动

1. 背景与任务

地铁志愿者服务的内容很多，包括向乘客宣传文明乘车理念，提醒乘客注意安全；提示地铁和公交的换乘信息；提醒乘客保管自身贵重安全；路面交通引导，缓堵保畅等。为了使服务更有针对性,能结合自己的个性、兴趣和能力特点选择服务内容,可以到地铁站实地考察,了解市民在乘坐地铁的过程中遇到的困难,为确定志愿者服务内容及所要制作的地铁志愿者服务宣传栏内容积累素材,并将所获取的素材保存到电脑中。

2. 设计与制作要求

（1）明确信息需求,思考所需的素材及其获取方式。

（2）根据志愿者服务活动内容及所要制作地铁服务宣传栏的内容,使用适合的信息技术工具获取所需要的信息。

（3）将所获取的素材导入到电脑。

活动三 利用互联网获取电子垃圾处理的相关信息

互联网上资源丰富,本活动使用互联网搜索相关的内容,并保存到电脑中。综合利用活动一和二的素材,选择文本处理软件制作电子垃圾科学处理的宣传单,提高居民对电子垃圾的认识和正确处理电子垃圾的环保意识。

一、思考与讨论

1. 要制作完整的电子垃圾处理宣传单,除了活动一、二的资源外,还需要获取哪些信息？如何获取这些信息呢？

2. 互联网上的资源很丰富,但要在海量的信息中快速找到所需要的信息,需要一定的搜索技巧,如设置精准的关键字、使用多关键字组合等。学习并使用各种搜索技巧,缩小搜索结果范围,以快速地找到所需要的信息,并将搜索结果保存到电脑中。

3. 根据所获取的信息,整体设计宣传单的呈现形式和具体内容。可以选择 Word 或者其他软件制作宣传单,设计版面内容并编辑、美化文字和图片。

二、总体思路

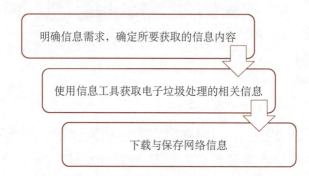

项目二　信息的获取

 方法与步骤

一、利用互联网获取电子垃圾处理的相关信息

1. 明确信息需求，确定所要获取的信息内容。整体思考并设计电子垃圾处理宣传单的内容和呈现结构形式。宣传单的内容可以包括市民对电子垃圾认识的科普知识、电子垃圾处理的现状、电子垃圾的危害、如何正确处理电子垃圾等。围绕这些内容准备相关素材。在活动一、活动二中已经通过调查问卷、利用信息工具获取了一些信息，还可以借助互联网的搜索工具获取其他信息，包括电子垃圾的科普知识、危害、科学处理方法等内容。

2. 熟悉浏览器。网页浏览器是进入和漫游因特网必需的一种软件。点击任务栏上的"IE 浏览器"图标，如图 2-3-1 所示，启动 IE（Internet Explorer）浏览器，如图 2-3-2 所示。

图 2-3-1　启动浏览器

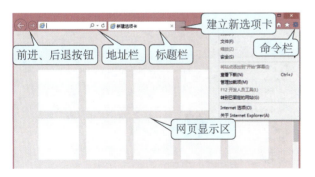

图 2-3-2　浏览器工具介绍

3. 借助搜索引擎查找信息。利用互联网获取信息有两种方式，一种是直接访问提供信息服务的网站，在浏览器中输入网站地址；一种是利用搜索工具，搜索引擎会根据所输入的关键字在互联网中搜索与关键字主题相关的所有信息。现有的搜索工具包括百度、谷歌、好搜等。在地址栏中输入"http://www.baidu.com"（也可以省略"http://"，网络浏览器自动添加），按回车键，如图 2-3-3 所示。

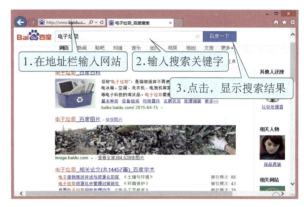

图 2-3-3　使用搜索工具

4. 键入搜索关键字。在搜索文本框中输入关键字"电子垃圾"，单击"百度一下"按钮，如图 2-3-3 所示；有关电子垃圾的信息页面如图 2-3-4 所示。

图 2-3-4　搜索结果

搜索结果会有数百万条，一般只需浏览前几页的结果。点击具体的链接，查看具体

网页信息。如果需要搜索图片,点击"图片",则搜索的结果都是关于电子垃圾的图片信息。

5. 使用其他关键字搜索电子垃圾的相关信息。按照宣传单的内容要求,可以使用其他关键字搜索电子垃圾的内容,例如"电子垃圾的危害""电子垃圾的现状""电子垃圾回收和利用""如何科学处理电子垃圾"等关键字。

二、网页信息的保存

1. 保存为"网页类型"文件。点击图2-3-4所示页面的第一个名为"电子垃圾 百度百科"超链接,显示具体的网页信息,如图2-3-5所示。点击工具菜单"文件/另存为"命令。

图2-3-5 打开网页

在图2-3-6中选择保存类型:

图2-3-6 保全网页信息

(1)"Web页,全部(*.htm;*.html)"格式:将按照网页文件原始格式保存所有文件,比如网页中包含的图片等。保存后将生成一个同名的文件夹,用于保存网页中的图片等信息。

(2)"Web档案,单一文件(*.htm)"格式:将网页文件所有信息保存在一个文档中,并不生成同名文件夹;

(3)"Web页,仅Html(*.htm;*.html)"格式:只是单纯保存当前HTML网页,不包含网页中含有的图片、声音或其他文件;

(4)"文本文件(*.txt)"格式:将网页中的文字信息提取出来保存在一个文本文件中。

选择保存类型后,再选择保存位置,点击"保存"。

2. 仅保存图片信息。找到所需的信息后,如果只需要保存其中的图片信息,在所需保存的图片上单击鼠标右键,在弹出的快捷菜单中执行"图片另存为"命令,如图2-3-7所示;在"保存图片"对话框中,选择适当的位置和文件名,单击【保存】按钮,可将图片保存下来。

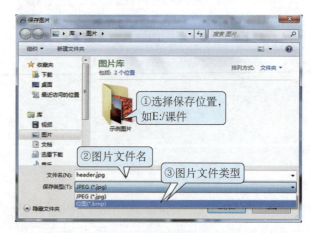

图2-3-7 保存网页图片具体操作

三、使用Word制作电子垃圾宣传单

将所获取的信息,包括图片和文字,复制到Word中,制作电子垃圾宣传单。

提醒

(1) 软件的作用各不相同。文字处理软件主要用来处理以文字为主的文档。浏览器软件则是用来浏览网页。要了解不同软件的功能、特色,根据不同需要,合理选择处理软件。

(2) 根据主题浏览因特网,可尝试使用不同关键字查找。

一、搜索技巧

搜索引擎是一种提高使用互联网效率的优秀工具。搜索引擎其实也是一个网站,只不过这个网站专门提供信息检索服务,是万维网环境中的信息检索系统。它使用特有的(引擎)程序把因特网上的所有信息归类,以帮助人们快速地在浩如烟海的信息海洋中搜寻到所需要的信息。现在搜索引擎的功能已经不仅仅局限于资料的查找。

百度(www.baidu.com)是目前最常用的中文信息检索系统,该搜索引擎具有很强的智能性,会根据用户输入的中文信息,自动判断用户的需求。如用户在输入框中输入手机号,系统会返回该手机号的归属地信息;输入计算器,系统会自动提示关于计算器的相关应用程序。

关键字的选择在搜索引擎中是非常重要的,使用多个关键字可以缩小搜索范围,提供的关键字越多,搜索引擎返回的结果越精确。百度提供了语法查询,如使用 filetype 搜索指定类型的文件,例如"电子垃圾 filetype:doc",搜索结果即为与电子垃圾有关的 Word 文档;使用"site"把搜索范围限定在站点中,提高查询效率,例如"电子垃圾回收 site:站点域名"。"site:"和站点名之间,不要空格。

百度提供了更多的服务功能,如搜索论文的百度文库、翻译工具、百度百科、MP3 和视频下载等,可以根据用户的需求选择不同的应用。

二、扫描仪的使用

扫描仪是把已经拍好的照片、报刊杂志上的图像或影像扫描后转化成电子文档格式的一种设备。扫描仪也是很常用的信息获取设备,是继键盘和鼠标之后的第三代计算机输入设备。分辨率是扫描仪最主要的技术指标,它决定了扫描仪所记录图像的细致度,其单位为 PPI(Pixels Per Inch)。大多数扫描的分辨率在 300~2400 PPI 之间。PPI 数值越大,扫描的分辨率越高,扫描图像的品质越高。

提醒 不同型号的扫描仪具体扫描操作会有所不同,如在安装和使用的过程中遇到问题,可以查看说明书或者利用互联网搜索相关问题的解决方案。

三、网络版权

从因特网上取得信息(下载软件、音像制品)时,不能侵犯他人的知识产权。这就要求我们能够辨别什么样的信息能够下载,什么样的信息是不能够随便下载的。

网上下载的软件分为3类:商业软件、共享软件和自由软件。

(1) 商业软件:一般是付费软件,正规电商一般采取网上支付,网上下载模式,其价格与线下交易相比,不会低太多。

(2) 共享软件:指可以随意下载、传播但不能进行商业性(收费)传播的软件。这种软件的一大特点是,需要支付一定的注册费,才能使用软件的全部功能或可以无限期使用软件。试图对这些软件进行功能或时间限制的破除,就是盗版行为。

(3) 自由软件:是共享软件的前身,一般是免费的,甚至用户还可以修改软件(修改后应告知原作者,这是职业道德),但不可进行商业性(收费)传播。自由软件没有功能、时间限制,但功能有限,一旦功能增强到一定程度,可能转化成共享软件。

(4) 音像制品:从非正规网站上下载的音像制品多数是盗版的。而从正规的在国家有关部门注册过的网站下载免费或少量付费的作品,一般不存在版权问题,因为版权费用通常已由网站支付或与产权人达成了某种协议。

四、信息安全

信息安全的概念实际上是一个很大的范畴,比如人们交谈中无意间透露了不该透露的信息,也可构成信息的安全问题。

由于现在的信息处理、传输主要依托计算机及其构成的网络,因此,计算机及网络的安全在很大程度上代表了信息的安全。

1. 计算机及网络安全概念

计算机安全是指为保护数据处理系统而采取的技术和管理的安全措施,保护硬件、软件和数据不会因偶然或故意的原因而遭到破坏、更改和泄密。而网络安全则是指信息的保密性、完整性、可靠性和实用性、真实性、占有性。

2. 计算机及网络安全的主要内容

(1) 计算机及网络硬件的安全性:指计算机硬件设备、网络硬件设备(服务器、交换机、路由器和存储设备等)的安装和配置的安全性;确保计算机及网络安全的环境条件,包括机房、电源、屏蔽等。

(2) 软件安全性:指保护计算机及网络系统软件、应用软件和开发工具使它们不被修改、复制和病毒感染。

(3) 数据安全性:指保护数据不被非法访问、保护数据的完整性和传输中的保密性等。

(4) 运行安全性:指计算机及网络运行遇到突发事件时的安全处理等。

3. 计算机病毒

计算机病毒是附着于程序或文件中的一段计算机代码,它可在计算机之间传播,通常一边传播一边感染计算机。病毒可损坏软件、文件或有条件地损坏硬件,或使计算机性能下降。

4. 黑客

黑客一词源于英文 Hacker,原指热心于计算机技术、水平高超的电脑专家,尤其是程序设计人员。目前,黑客一词已被用于泛指那些专门利用电脑搞破坏或恶作剧的人员。

黑客通过木马窃取用户在因特网上注册的一系列账号,导致用户财产损失。黑客通过系统漏洞侵入网上其他的电脑,这样的电脑被称为"肉鸡",指挥"肉鸡"为他所用。当大量被它指挥的"肉鸡"同时向某个网站发起攻击时,这个网站即发生"拒绝服务"而瘫痪。

5. 钓鱼网站

有时黑客并不直接把木马挂在正常网站,因为这样容易被发现,而是把一个极具诱惑力的弹出窗口挂在正常网站或修改正常网站某个链接。一旦点击这个弹窗链接或已被修改的链接,即进入一个挂马或挂木马下载器的网站,木马随即在电脑中兴风作浪。这种等待上钩的不良网站即称为钓鱼网站。

还有一种类型的钓鱼,即给用户一个虚假的网游或网银登录页面,引诱用户提供登录信息。在无良(非钓鱼)网站上注册,也可能造成信息的变卖、散播。因此,在因特网上要慎重注册。

6. 保护计算机及网络信息安全的措施

针对无意的信息破坏,经常备份数据是一种好习惯。它可防止硬件损坏、突然停电等带来的信息损失。当然最好从技术上能给以防范,如使用双机冗余系统,配置不间断电源等。

而对恶意的信息破坏,普通用户最好安装杀毒、病毒监控与防火墙软件。这样就能及时地知道是否有病毒入侵、有漏洞攻击,然后利用防火墙阻断它们与外界的联系,以保护信息安全。要定期升级所安装的防护软件。

除了360杀毒软件外,国内其他比较著名的杀毒软件还有金山毒霸、瑞星杀毒等;国外则有Norton AntiVirus、McAfee、卡巴斯基等。要从正规的、信誉好的网站下载软件,在使用前最好使用杀毒软件查杀病毒;不要打开来历不明的电子邮件及其附件;不要接受和打开QQ、微信好友发来的链接式文件。

1. 背景与任务

为了更好地体现服务宣传栏对市民的服务作用,要精心设计宣传栏的内容,除了活动一和二的内容外,还可以利用互联网搜索一些关于地铁志愿者服务的相关信息。根据获取的信息,设计宣传栏的版面结构和内容,利用Word软件(可以选择其他软件)制作服务宣传栏。

2. 设计与制作要求

(1) 利用互联网搜索有关地铁志愿者服务内容的信息。

(2) 将搜索结果保存到电脑中。

(3) 利用所获取的素材制作地铁服务宣传栏。

信息技术尤其是互联网和各种智能终端的应用便于我们快捷、高效地找到信息,但也要对所获信息进行评价和筛选。获取信息的一般流程包括:

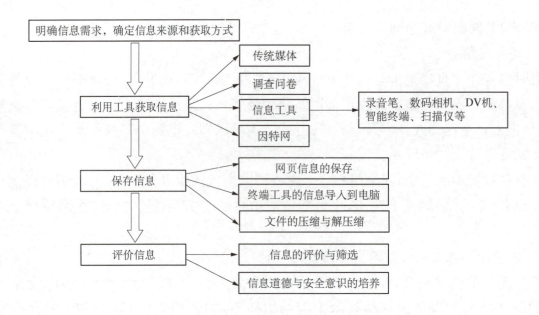

综合活动与评估

为制定家庭短途旅游方案做准备

"走出校园、走进社会,让我们融入生活、感受生活,让我们懂得如何与社会和自然和谐相处。"五一劳动节小长假,你和父母打算利用3天假期到上海周边城市去旅游。由于对旅游目的地城市不是很了解,需要在旅游前查询旅游信息。可以通过书籍杂志、广播电视、互联网、智能终端等多种途径,获取旅游中所涉及的交通、住宿、饮食、天气、景点、票务等信息,并制定一个完整的家庭旅游方案。

一、活动任务

1. 通过书籍、杂志、互联网、与人沟通交流等方式确定旅游目的地,明确信息需求。
2. 利用各种信息技术工具获取旅游信息,包括交通、住宿、饮食、景点等,为旅行做好准备。
3. 保存所获取的各种信息,并制作完整的家庭短途旅游计划。

二、活动分析

1. 不同的城市有不同的特色,通过和父母沟通,结合家庭成员的兴趣、假期时间等确定将要旅游的城市,明确目的地。之后总体思考制定旅游方案,思考需要获取哪些信息,才能使旅途愉快、舒适。

2. 信息获取的途径有很多，根据实际信息需求的特点，选择最便捷、快速的方法获取相关信息，并对信息进行筛选和价值判断。如需要获取景点、住宿等信息，可以把其他用户的评价信息作为选择的依据。

 方法与步骤

一、确定旅游目的地，明确信息需求

1. 不同的城市具有不同的特色，且只有 3 天假期，因此要选择距离合适的、满足家庭兴趣需求的城市去旅游。利用互联网搜索上海周边旅游城市，了解不同城市的特点、旅游景点，确定旅游目的地。也可以查阅书籍、杂志或者当地旅游局的官网，获取旅游城市的信息。

2. 旅游过程中需要提前做准备的工作有很多，例如，需要了解交通出行信息、天气、旅游景点及票价、住宿及价格、特色美食以及其他准备工作。不同的信息可以采用不同的方法和工具获取。

二、通过不同途径获取旅游信息

1. 交通出行信息的获取：

（1）若采用自驾方式旅游，需要知道从上海到目的地城市的行驶路线。可以使用手机地图导航软件，提供路线导航，指引司机快速达到目的地。

（2）若选择公共交通，可以乘坐火车、地铁，需提前购买火车票。注册并登录"中国铁路服务中心网站（www.12306.cn）"，预定火车票，选择具有网上支付功能的借记卡或者信息卡支付火车票。

2. 获取旅游城市的景点和票务信息：

（1）通过互联网搜索城市旅游景点信息，了解景点介绍，将所需要的图片和文字保存到电脑中。

（2）在百度搜索输入框中输入"旅游景点门票"，有很多提供门票预定的网站，门票

价格比到景点现场去购买要便宜,可以考虑使用网络购票的方式购买更为优惠的景点门票。

3. 获取住宿及价格信息。根据旅游的线路、景点的地理位置、酒店或者宾馆价格、用户对酒店或者宾馆的评价信息等内容确定住宿地点,在提供宾馆服务的网站(如携程、同城、艺龙网等)预定。

在查看用户评价时,要学会筛选和正确判断用户评价信息,参考大部分用户评价的信息。

4. 了解城市特色美食。如在百度搜索输入框中输入"南京特色美食"或"南京小吃"等信息,可以获取当地的特色美食等信息。也可以通过访问旅游类网站获取此信息。如已在当地,可以使用手机客户端软件如大众点评、拉手网获取信息。

5. 做好旅游的其他准备。出行前可以通过多种途径如互联网、广播电视等了解旅游城市的天气情况。还可以利用互联网搜所旅游攻略,了解其他游客的经验,获得更全面的旅游信息。

一、综合活动的评估

根据综合实践活动,完成下面的评估检查表,先在小组范围内学生自我评估,再由教师对学生进行评估。

综合活动评估表

学生姓名:_____　　　　　　　　　　　　　　　　　　　　　　　　日期:_____

学习目标		自评		教师评	
		继续学习	已掌握	继续学习	已掌握
1. 信息基础知识	信息的定义与特征				
	信息获取的各种方法及途径				
2. 根据问题的要求,规划旅游方案的能力					
3. 使用因特网找到需要的内容					
4. 利用搜索引擎的高级技巧快速获取信息					
5. 利用书籍、杂志、调查问卷获取信息的能力					
6. 信息工具使用	录音工具的使用				
	拍照工具的使用				
	摄像工具的使用				
	信息导入到电脑中				
7. 文字压缩和解压缩	文件的压缩				
	文件的解压缩				
8. 信息真伪的辨别					
9. 具有良好的社会信息道德					
10. 信息安全防护策略					

二、整个项目的评估

复习整个项目的学习内容,完成下面的评估表。

整个项目学生学习评估表

学生姓名:_____
在整个项目的所有活动中喜爱的活动:_____

1. 本项目中哪项技能最有挑战性?为什么?

2. 本项目中对哪项技能最感兴趣?为什么?

3. 本项目中哪项技能最有用?为什么?

4. 获取信息的方法有很多,举例说明如何选择合适的信息技术工具提高获取信息的效率。

5. 通过互联网或者利用信息技术工具获取信息时,如何评价获取的信息?在评价信息时应该考虑哪些问题?

6. 如何下载网上的软件和音像制品才不会有侵权之嫌?为什么说养成良好的社会信息道德、维护别人的知识产权,也可能是在保护自己的信息安全?

项目三

文字处理
—— "星光计划"校园特刊制作

情境描述

又一届"星光计划"职业技能大赛落下帷幕,校园里依然弥漫着参赛选手和指导教师们奋勇拼搏的气息。两年一度的"星光计划"已成为中职校园里永恒的主旋律。为弘扬正能量,激励在校学生积极进取、学好技能,学校决定办一期以"星光计划"为主题的校园特刊,让老师和同学们在这里畅所欲言,交流参赛经验和感想,同时也为他们取得的优异成绩和巨大收获而大声喝彩。

本项目通过制作校刊封面与获奖展示页、卷首语、目录和相应内容等 4 个活动,逐步掌握使用 Word 进行文本信息处理的基本方法和技巧。

活动一　卷首语"跨越星光,走向成功"

高飞是校刊的总编辑,接到制作"星光计划"特刊的任务,他决定先从卷首语入手。

内容上,首先介绍"星光计划"比赛的基本情况,再谈谈自己对这项比赛的看法和对"星光精神"的理解,力求短小精悍,并能够反映本期刊物的主题。

制作上,卷首语作为校刊扉页上的文章,占用一个完整的页面,排版力求简单、主题鲜明、整洁大方,也可以加一些简单的页面修饰。

活动分析

一、思考与讨论

1. 卷首语,顾名思义,就是刊物中由编者放在正文前面的文章,主要用来阐述正文的主要内容和旨义。在创作上,"卷首语"一般要求短小精悍,以小见大,能够起到画龙点睛的作用。本次"星光计划"特刊的卷首语该如何写,请大家集思广益,发表自己的看法。

2. 我们已经学过文字录入,在文字录入过程中如何快速进行中英文输入法的切换?如何进行中英文标点符号的切换?

3. 为了使卷首语的页面显得简洁、美观、大方，怎样排版比较好？

4. 如何使文档中关键字突出显示？

二、总体思路

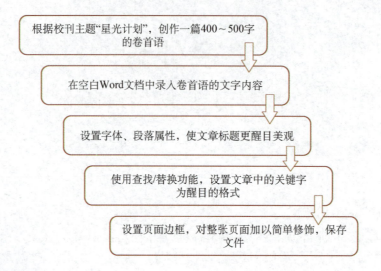

方法与步骤

一、文学创作

1. 打开文字处理软件 Word，单击"文件"选项卡，单击"新建"选项，再双击"空白文档"，或者单击选中"空白文档"后单击右侧的【创建】按钮，建立新文档，如图 3-1-1 所示。

图 3-1-1　创建新文档

2. 单击"文件"选项卡，单击"保存"选项，在弹出的"另存为"对话框中，选择保存位置，指定文件夹；输入文件名"卷首语"；设置保存类型为"Word 文档"，如图 3-1-2 所示；单击【保存】按钮，得到文件"卷首语.docx"。

3. 根据本期校刊的主题"星光计划"，创

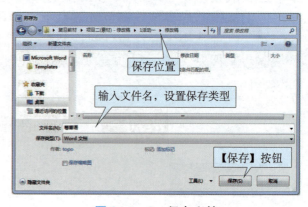

图 3-1-2　保存文档

作一篇 400～500 字的短文作为卷首语，参考范文见"项目三\活动一\卷首语.txt 文件"。

二、文字录入

1. 输入栏目名称"卷首语"、文章标题、中英文对照稿和创作日期，录入速度应达到汉字 20 字/分钟，英文 120 字符/分钟。

2. 先录入英文，再使用快捷键[Ctrl]+[Space]切换到中文输入法录入汉字。还可以使用[Ctrl]+[Shift]在不同的输入法之间切换，找到拿手的输入法；使用[Shift]完

成中/英文输入转换,使用[Shift]+[Space]完成全/半角转换,使用[Ctrl]+[>]切换中英文标点符号,如图3-1-3所示。

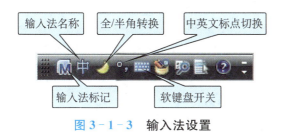

图3-1-3 输入法设置

3. 录入完成后,单击快速访问工具栏中的第二个按钮,或直接按快捷键[Ctrl]+[S],将已输入的文本内容保存起来。

三、美化文字,整理段落

1. 按下快捷键[Ctrl]+[A],选中整篇文档;在"开始"选项卡的"字体"组中,单击"字体"下拉列表框,选择"宋体",再在"字号"下拉列表框中选择"小四号",如图3-1-4所示。

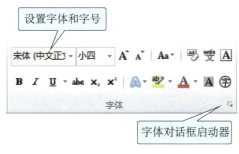

图3-1-4 设置字体

2. 选中栏目名称"卷首语",在"开始"选项卡的"字体"组中,单击右下角的"字体对话框启动器",如图3-1-4所示;在弹出的"字体"对话框中选择"字体"选项卡,设置中文字体"黑体",字形"常规",字号"小初",如图3-1-5所示。

3. 单击【文字效果】按钮,在弹出的"设置文本效果格式"对话框中选择"文本填充"

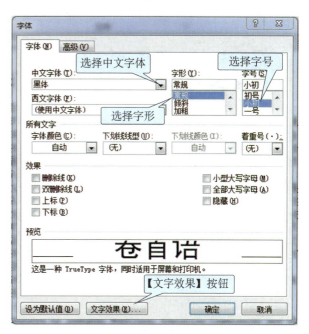

图3-1-5 字体对话框

为"无填充","文本边框"为"实线",可将文字设置为空心字效果,单击【关闭】按钮,再单击【确定】按钮,完成字体设置,如图3-1-6所示。

图3-1-6 设置文本效果

4. 选择栏目名称"卷首语"所在段落,在"开始"选项卡的"段落"组中,选择"文本右对齐",如图3-1-7所示。将栏目名称"卷首语"放置在页面右侧。

5. 使用与步骤2相同的方法,设置文章标题"跨越星光,走向成功"为楷体、加粗、一号;使用与步骤3相同的方法在"设

图 3-1-7　段落对齐方式设置

置文本效果格式"对话框中选择"阴影"为"右下斜偏移";再选择"字体"对话框中的"高级"选项卡,设置间距"加宽"、磅值"3 磅",单击【确定】按钮,如图 3-1-8 所示。

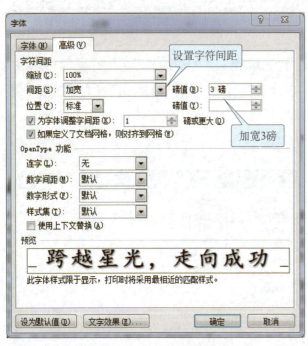

图 3-1-8　设置标题字体

6. 选择文章标题所在段落,在"开始"选项卡的"段落"组中,选择"居中"(参考图 3-1-7),将文章标题"跨越星光,走向成功"放置在页面中央。

7. 选中正文英文文稿部分,单击鼠标右键,选择"段落…",在弹出的"段落"对话框中单击"缩进和间距"选项卡。设置常规类的对齐方式"两端对齐";缩进类的特殊格式"首行缩进",磅值"2 字符";间距类的段前"0.5 行",段后"0.5 行",行距"固定值",设置值"16 磅",如图 3-1-9 所示,单击【确定】按钮。

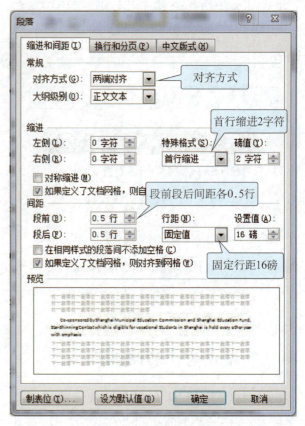

图 3-1-9　段落设置

8. 使用与上一步相同的方法,将正文中文文稿部分设置为两端对齐、首行缩进 2 字符、段前段后间距各 0.5 行、单倍行距。

9. 选中文末作者"高飞",在"字体"对话框的"高级"选项卡中,设置间距"加宽"、磅值"6 磅";在"段落"对话框的"缩进和间距"选项卡中,设置缩进,左侧"30 字符"。分别单击【确定】按钮完成设置。

10. 使用与上一步相同的方法,将文末创作日期"2015 年 5 月 12 日"左缩进 28 字符。

四、点睛之笔

1. 选中正文英文文稿部分的关键词"Star-Shinning",单击鼠标右键,选择"复制";再在"开始"选项卡的"编辑"组中,选择"替换"。在弹出的"查找和替换"对话框的

"替换"选项卡中,在"查找内容"区域单击右键,选择"粘贴",将查找内容设定为之前选中并复制好的文字"Star-Shinning";使用相同的方法,将"替换为"也设定为"Star-Shinning",如图3-1-10所示。

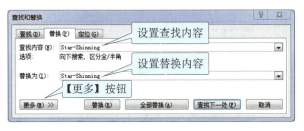

图 3-1-10　查找和替换对话框

2. 单击图3-1-10中的【更多】按钮展开对话框,如图3-1-11所示。先选中"替换为"的内容"Star-Shinning",再在"格式"下拉菜单中选择"字体"命令,如图3-1-12所示。

图 3-1-11　选择替换"格式"

3. 在弹出的"替换字体"对话框中单击"字体"选项卡,设置:字形"加粗倾斜";再单击"高级"选项卡,设置位置"提升"、磅值"2磅",单击【确定】按钮,如图3-1-12所示。

4. 最后单击图3-1-11中的【全部替换】按钮完成关键字的强调转换。

5. 使用相同的方法,将正文中文文稿部分的关键词"星光计划"替换为加粗、下划波浪线。

图 3-1-12　替换字体对话框

五、美化页面,检查文件

1. 在"页面布局"选项卡的"页面背景"组中,单击"页面边框",在弹出的"边框和底纹"对话框中单击"艺术型"下拉列表框,选择如图3-1-13所示的边框图案,最后设置宽度"12磅",单击【确定】按钮完成页面美化。

图 3-1-13　设置页面边框

2. 按快捷键[Ctrl]+[S],再次保存制作好的文档。单击窗口右上角的关闭按钮，关闭文件"卷首语.docx"。

3. 单击"文件"选项卡,单击"打开"选项,在弹出的"打开"对话框中设置文件类型为"Word 文档(*.docx)";找到"卷首语.docx"文件,单击【打开】按钮,打开文件。

4. 仔细校对文字,如果有错误,修改正确后重新保存。

"卷首语"最终制作效果如图 3-1-14 所示。

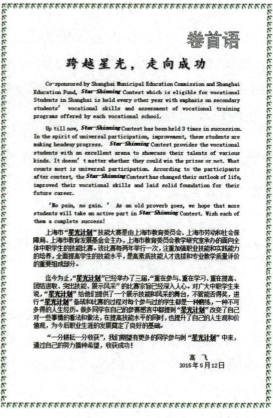

图 3-1-14 "卷首语"样张

一、设置输入法

打开 Windows 控制面板中的"区域和语言"对话框,单击"键盘和语言"选项卡中的【更改键盘】按钮;或者右击 Windows 任务栏中的输入法图标,在快捷菜单中选择"设置"命令,都可以打开"文本服务和输入语言"对话框,如图 3-1-15 所示,在"常规""语言栏"和"高级键设

图 3-1-15 选择和设置输入法

置"选项卡中可以选择默认输入语言,添加/删除输入法,设置语言栏和快捷键。

二、选择视图模式

Word 中有"页面视图""阅读版式视图""Web 版式视图""大纲视图""草稿"5 种文档视图模式,它们的作用各不相同。可以在"视图"选项卡的"文档视图"组中,通过单击不同选项来进行模式的切换,如图 3-1-16 所示。

图 3-1-16 选择视图模式

1. 页面视图模式依照真实页面显示,用于查看文档的打印外观,可以显示出预打印的文字、图片和其他元素在页面中的位置。

2. 阅读版式视图模式是进行了优化的视图,以便于在计算机屏幕上利用最大的空间阅读或批注文档。

3. Web 版式视图模式一般用于创建网页文档,或者查看网页形式的文档外观。

4. 大纲视图模式能够查看文档的结构,并显示大纲工具。

5. 草稿模式一般用于快速编辑文本,因为简化了页面的布局,所以在草稿中不会显示某些文档要素,比如页边距、页眉和页脚、背景、图形对象,以及除了"嵌入型"以外的绝大部分图片。

三、插入特殊符号

当输入一些键盘上没有的特殊字符,如希腊字母、日文片假名、数学符号等,可以在"插入"选项卡的"符号"组中,单击"符号",再在弹出菜单中单击"其他符号",打开"符号"对话框。在其中的"符号"选项卡上,先选择相应的字符集,再双击所需的符号,既可完成输入任务,如图 3-1-17 所示。

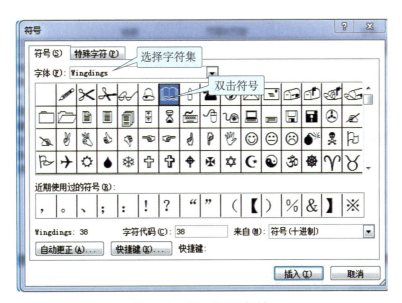

图 3-1-17 符号对话框

四、使用帮助

使用 Word 中的帮助功能,可以解决许多在文字处理中遇到的问题,有助于我们主动学习,可以按下[F1]键,打开"Word 帮助"对话框;或者在"文件"选项卡中单击"帮助"选项,找到更多帮助支持。

1. 背景与任务

金科涂料化工有限公司是一家中外合资企业,公司最近推出了一种新产品"纳米全效王墙面漆",适用于高级住宅、宾馆等各种室内墙面及要求防霉的场所,现在需要为该产品制作一份中英文双语的产品说明书。

运用公司所给的文字素材,使用 Word 制作一张单面单页的产品说明书。素材保存在"学生实践活动——金科涂料化工有限公司"文件夹中。

2. 设计与制作要求

(1) 在一张 A4 纸上排版制作,版面布局合理。
(2) 合理设置字体、段落属性,使产品名称等关键文字突出醒目。
(3) 为整张说明书添加页面边框。

打开光盘中"项目三\活动一\学生实践活动——金科涂料化工有限公司"文件夹,按要求使用所给素材,完成任务。

活动二　来稿编辑"参赛感言"

得知学校要办一期"星光计划"校园特刊的消息,同学们纷纷踊跃投稿。他们有的总结技能训练的经验,有的发表经历大赛的感想,还有的谈走过"星光"的收获。"星光计划"对于他们意味着辛勤的付出、执着的追求和不懈的努力,既有胜利的喜悦,也有悔恨的泪水。

其中,电子商务集训队 5 名队员的来稿被采用了。主编决定安排两个版面刊登他们的参赛感言,要求在页面版式的安排上,尽量做到简洁清晰、灵活多变,以便于浏览,增加读者的阅读兴趣。

活动分析

一、思考与讨论

1. 参赛感言一共有 5 篇,假如你是主编,你打算怎样在两个版面上安排这 5 篇文章,使得它们各具特色又浑然一体?
2. 在 Windows 中,我们学过如何选择不相邻的文件,那么在 Word 中如何选择不相邻的文字或段落?
3. 活动一我们学习了段落的缩进,那么在本次活动中可否使用段落缩进进行文本编排?

如何使用？在哪里使用比较好？

二、总体思路

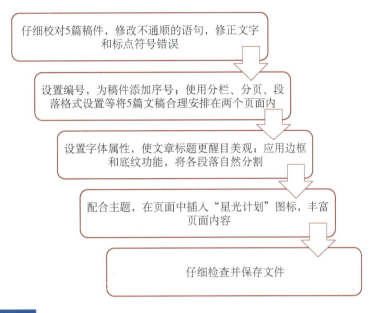

方法与步骤

一、审核稿件

1. 打开文字处理软件 Word，单击快速访问工具栏中的最后一个"新建"按钮，或者直接按快捷键[Ctrl]+[N]，建立空白新文档。

2. 在文档开头输入本组稿件大标题"电子商务队参赛感言"。

3. 打开电子商务集训队 5 名队员的来稿，复制文本内容，并依次粘贴到空白 Word 文档中，各篇稿件之间留一个空行。

打开光盘中"项目三\活动二\电子商队参赛感言"中的文件。

4. 除认真阅读文档内容，修改不通顺的语句外；还可以在"审阅"选项卡的"校对"组中，打开"拼写和语法"对话框，检查拼写和语法错误，如图 3-2-1 所示。

5. 单击"文件"选项卡，单击"保存"选项，在弹出的"另存为"对话框中，选择保存位置，指定文件夹，输入文件名"参赛感言"，设置保存类型为"Word 文档"，再单击【保

图 3-2-1　检查拼写和语法错误

存】按钮，得到文件"参赛感言.docx"。

二、页面排版

1. 按下快捷键[Ctrl]+[A]，选中整篇文档；在"开始"选项卡的"字体"组中，单击"字体"下拉列表框，选择"宋体"，再在"字号"下拉列表框中选择"小四号"。

2. 按住[Ctrl]键选中 5 篇稿件的小标题"舞出精彩，舞出自信""团结的星光""凝聚的力量""紧张备战，快乐学习"和"明天会更好"；单击鼠标右键，选择"编号"，在弹出的快捷菜单中选择如图 3-2-2 所示的编号格式。

3. 单击图 3-2-2 中的"定义新编号格

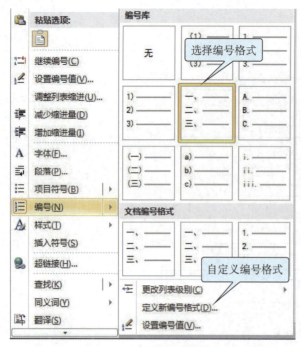

图 3-2-2 项目编号格式

式",在弹出的"定义新编号格式"对话框中设置编号样式"一,二,三(简)…",编号格式"一、",对齐方式"左对齐",如图3-2-3所示,

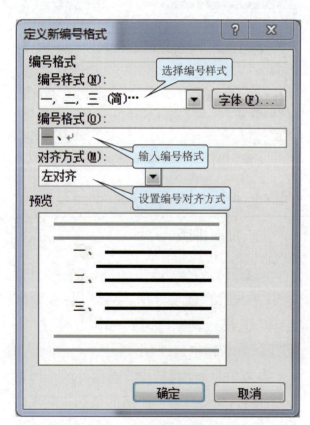

图 3-2-3 自定义编号格式

示,单击【确定】按钮,为5篇文稿标题添加小节序号。

4. 选中前两篇文稿"舞出精彩,舞出自信"和"团结的星光",在"页面布局"选项卡的"页面设置"组中,单击"分栏"下拉列表,在弹出的快捷菜单中选择"更多分栏…",在弹出的"分栏"对话框中设置:预设"两栏",勾选"栏宽相等",勾选"分隔线",如图3-2-4所示,单击【确定】按钮。

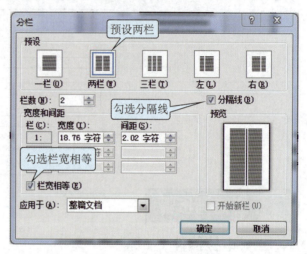

图 3-2-4 分栏对话框

5. 将光标定位在第二篇文稿"团结的星光"之前,在"页面布局"选项卡的"页面设置"组中,单击"分隔符"下拉列表,在弹出的快捷菜单中选择"分栏符",如图3-2-5所示,使第一、二篇文稿分别位于左右两栏,平行显示。

6. 将光标定位在第三篇文稿"凝聚的力量"之后的空行,使用与上一步相同的方法,在弹出的快捷菜单中选择"分页符",如图3-2-5所示,将第四、五篇文稿放入下一页版面。

7. 将光标定位在第四篇文稿"紧张备战,快乐学习"任意位置,在"页面布局"选项卡的"段落"组中,设置缩进:右,6字符,如图3-2-6所示。

8. 将光标定位在第五篇文稿"明天会更好"任意位置,使用与上一步相同的方法,段落设置缩进:左,6字符。

9. 版面设置完成后,按快捷键[Ctrl]+

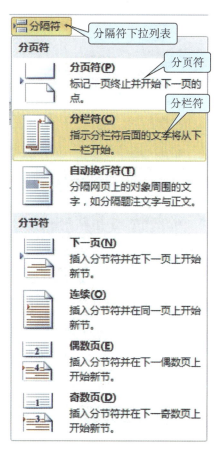

图3-2-5 分隔符对话框

图3-2-6 段落设置

[S]再次保存文件。

三、美化文字,整理段落

1. 选中大标题"电子商务队参赛感言",单击鼠标右键,选择"字体…",在弹出的"字体"对话框中设置:中文字体"隶书",字形"加粗",字号"小一"。

2. 接着单击【文字效果】按钮,在弹出的"设置文本效果格式"对话框中选择"阴影"为"右下斜偏移",单击【关闭】按钮,再单击【确定】按钮。

3. 在"开始"选项卡的"段落"组中,选择"居中"。

4. 使用上述相同的方法,设置各篇小标题的字体属性为楷体、加粗、四号,并将正文所有文字段落设置为:对齐方式"两端对齐",缩进"首行缩进",磅值"2字符"。

5. 选中第一篇文稿的作者"计算机111班　施良",在"页面布局"选项卡的"页面背景"组中,单击"页面边框",在弹出的"边框和底纹"对话框中单击"底纹"选项卡;设置图案样式"浅色棚架",颜色"深色—50%",应用于"文字",如图3-2-7所示,单击【确定】按钮。

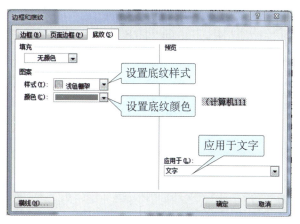

图3-2-7 设置文字底纹

6. 保持第一篇文稿作者信息的选中状态,在"开始"选项卡的"剪贴板"组中双击格式刷,用格式刷分别拖选其他4篇文稿的作者信息,即可将文字底纹格式复制到新的对象。操作完毕后再单击格式刷,结束格式复制。

7. 选中第四篇文稿"紧张备战,快乐学习",使用相同方法打开"边框和底纹"对话框,单击"底纹"选项卡;设置填充"白色,背景1,深色15%",应用于"段落"(参见图3-2-7),单击【确定】按钮。

8. 选中第五篇文稿"明天会更好",在"边框和底纹"对话框中单击"边框"选项卡;设置:"阴影",样式"单线",宽度"1.5磅",应用于"段落",如图3-2-8所示,单击【确定】按钮。

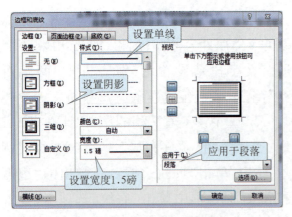

图 3-2-8　设置段落边框

四、插入图片

1. 光标移至第三篇文稿"凝聚的力量"，在"插入"选项卡的"插图"组中，单击"图片"，在弹出的"插入图片"对话框中，选择要插入的图片文件"Logo.JPG"，如图 3-2-9 所示，单击【插入】按钮，将图片插入文档中。

图 3-2-9　插入图片对话框

2. 在图片上单击鼠标右键，在弹出式快捷菜单中选择"自动换行"子菜单，再选择文字环绕方式为"四周型环绕"，如图 3-2-10 所示。

3. 单击图 3-2-10 中的"大小和位置…"，在"布局"对话框中选择"位置"选项卡，设置水平对齐方式："居中"，相对于"栏"；垂直对齐方式：绝对位置"15.6 厘米"，下侧"页边距"，如图 3-2-11 所示。单击【确定】按钮，完成图片的插入和定位。

4. 使用与第 1 步完全相同的方法，将图片"Logo.JPG"再插入到第五篇文稿"明天会更好"所在的位置。

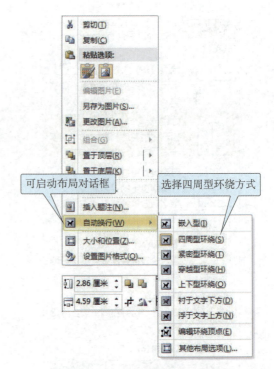

图 3-2-10　设置文字环绕方式

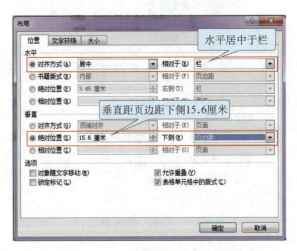

图 3-2-11　设置图片插入位置

5. 使用与第 2、3 步完全相同的方法，将图片的环绕方式设置为"浮于文字上方"。将图片的位置设置为水平距"页边距"右侧绝对位置"1.9 厘米"，垂直距"页边距"下侧绝对位置"14 厘米"。

6. 在图 3-2-11"布局"对话框中单击"大小"选项卡，设置缩放，高度"300%"，宽度"300%"，勾选"锁定纵横比"和"相对原始图片大小"，如图 3-2-12 所示，单击【确定】按钮。

7. 单击选中图片，打开图片工具，在"格式"选项卡的"调整"组中，单击"颜色"，再选择重新着色为"冲蚀"效果，如图 3-2-13 所

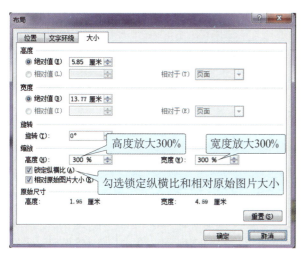

图 3-2-12 设置图片大小

图 3-2-13 设置图片颜色效果

示。最后再将图片的环绕方式设置为"衬于文字下方",完成第五篇文稿的水印图片背景。

五、检查文件

1. 按快捷键[Ctrl]+[S],再次保存制作好的成品文档,然后关闭文件。

2. 重新打开文件"参赛感言.docx",仔细校对文字,审核排版效果,修正满意后确定保存。

"参赛感言"最终制作效果如图 3-2-14 所示。

图 3-2-14 "参赛感言"样张

 知识链接

一、撤消误操作

在工作中经常会出现操作失误,这时可以单击快速访问工具栏上的撤消按钮,或者按

快捷键[Ctrl]+[Z],撤消上一步的操作。如果过后又不想撤消该操作了,还可以单击快速访问工具栏上的重复按钮 ,或者按快捷键[Ctrl]+[Y],还原操作。

单击"撤消"按钮旁边的下拉箭头 ,Word 将显示最近执行的可撤消操作列表,再单击要撤消的操作条目,既可撤消该操作及之后的所有操作。

二、首字下沉

将光标定位于文字段落任意位置,在"插入"选项卡的"文本"组中,单击"首字下沉",再在弹出式菜单中选择"首字下沉选项",如图 3-2-15 所示;在弹出的"首字下沉"对话框中设置,位置"下沉",字体"宋体",下沉行数"2",距正文"0厘米",如图 3-2-16 所示;单击【确定】按钮,既可得到如本段段首所显示的效果。

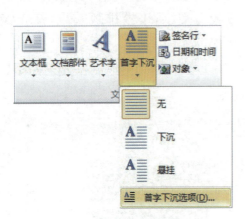

图 3-2-15　设置首字下沉

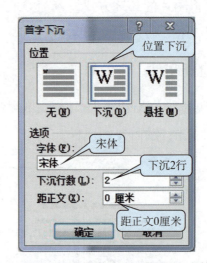

图 3-2-16　设置首字下沉位置及字体等

三、字数统计

在"审阅"选项卡的"校对"组中,单击"字数统计"命令,如图 3-2-17 所示;弹出的"字数统计"对话框会显示一组统计信息,包括页数、字数、字符数、段落数和行数等,如图 3-2-18 所示,可以帮助我们了解文档的基本情况,方便版面的安排。

图 3-2-17　选择"字数统计"

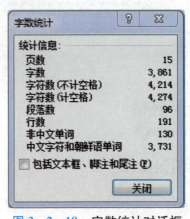

图 3-2-18　字数统计对话框

1. 背景与任务

端午节是中国古老的传统节日,始于中国的春秋战国时期,至今已有2 000多年历史。端午亦称端五,还有诸如夏节、浴兰节、女儿节、天中节、地腊、诗人节等许多别称。关于端午节的起源,在民间流传着很多美丽的传说。为弘扬中华民族传统文化,社区收集了一些有关端午节由来的说法,准备制作一份宣传材料。

运用社区所给的文字、图片素材,使用Word将6种传说故事汇总在一起,制作一份双页的宣传单。资料保存在"学生实践活动——端午节起源传说"文件夹中。

2. 设计与制作要求

（1）在两张A4纸范围内排版制作,版面布局合理。

（2）使用项目符号和编号,正确的设置小标题。

（3）使用分栏、边框和底纹等技术,将版面自然分割。

（4）插入图片,使用图片背景来丰富美化页面。

打开光盘中"项目三\活动二\学生实践活动——端午起源传说"文件夹,按要求使用所给素材,完成任务。

活动三　制作校刊目录页

"星光计划"的所有来稿,要先经过校刊编辑们筛选处理,再由主编审核定稿,最后排版校对。待一期刊物的内容完全确定下来,就可以制作目录页了。

杂志的目录页一般包含两部分内容。一是编著者的信息,包括主编、编辑、校对、美工等。另一部分就是全书的页面索引,一般包含按栏目板块划分的文章标题、作者和页码,方便读者快速查找到感兴趣的内容。

本期特刊最终采用的稿件有近20篇,按照5个栏目板块组织。为了美观,还准备在目录页中插入封面的缩略图。

活动分析

一、思考与讨论

1. 对于小刊物来说,目录有其特定的功能区,本期的"星光计划"特刊你打算如何排版布局目录页？

2. 很多杂志都在使用表格进行栏目排版,你觉得应如何使用表格进行栏目编排？

3. 在活动二中我们学习了等宽分栏,如果要不等宽分栏该如何设置？

4. 段落文字居中大家已经学习过,那么如何使文字在表格中水平居中?

5. 利用前面所学知识,思考如何将任意字体的文字设置为空心效果。

二、总体思路

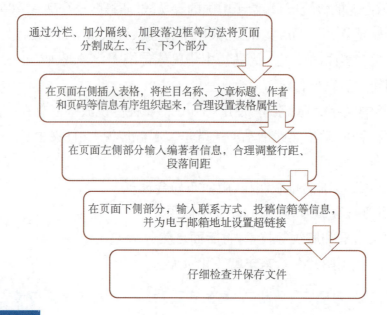

方法与步骤

一、页面排版

1. 打开文字处理软件 Word,建立一个空白新文档。并在文档开头插入 3 个空白段落。

2. 选中前两个空白段落,分栏:栏数"2",取消勾选"栏宽相等",勾选"分隔线";设置分栏宽度和间距:栏 1,宽度"12 字符",间距"2 字符";栏 2,由 Word 自动将页面剩余的可用空间分配给最后一栏(见图 3-2-4)。

3. 将光标定位在第二个空白段落之前,在"页面布局"选项卡的"页面设置"组中,单击"分隔符"下拉列表,在弹出的快捷菜单中选择"分栏符"。

4. 选中第三个空白段落,在"页面布局"选项卡的"页面背景"组中,单击"页面边框",在弹出的"边框和底纹"对话框中单击"边框"选项卡;设置样式为"双线",颜色"自动",宽度"0.5 磅",应用于"段落",仅保留段落上框线,如图 3-3-1 所示,单击【确定】按钮。

5. 完成布局后的页面被分割成左、右、下 3 个部分,每个部分暂时只有一个空白段

图 3-3-1 设置段落边框

落。单击"文件"选项卡,单击"保存"选项,将文件保存为"目录页.docx"。

二、页面索引(页面右侧)

1. 将光标定位到页面右侧段落,输入大标题"目录"。

2. 选中"目录",设置字体为"黑体",字号"小初"。在字体对话框中单击【文字效果】按钮,在弹出的"设置文本效果格式"对话框中选择"文本填充"为"无填充","文本边框"为"实线",可将文字设置为空心字效果。

3. 选择"目录"所在段落,在"开始"选项卡的"段落"组中,选择"文本右对齐"。

4. 另起一段输入期刊号"2015 年 5 月号 总第 65 期",使用与上述步骤相同的方法,设置字体属性:宋体、加粗、小四号、左对齐。

5. 另起一段,在"插入"选项卡的"表格"组中,单击"表格",再在弹出式菜单中选择"插入表格",如图 3-3-2 所示;在弹出的"插入表格"对话框中,根据需要刊出稿件的篇幅数量,设置表格尺寸:列数为 3,行数为 24,如图 3-3-3 所示,单击【确定】按钮。

图 3-3-2　选择插入表格

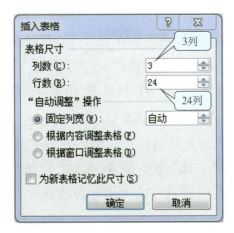

图 3-3-3　设置表格

6. 选中整个表格,设置字体属性:宋体、五号字,段落属性:1.5 倍行距;单击鼠标右键,选择"表格属性…",在弹出的"表格属性"对话框中单击"表格"选项卡,设置尺寸:勾选"指定宽度",并设置为"9.8 厘米",度量单位"厘米",如图 3-3-4 所示,适合于右栏空间的大小。

图 3-3-4　在表格属性对话框中设置表格尺寸

7. 选中表格第一列,再次打开"表格属性"对话框,单击"列"选项卡,设置第一列:勾选"指定宽度",并设置为"8%",度量单位"百分比",如图 3-3-5 所示。

图 3-3-5　设置表格列宽

8. 单击【后一列】按钮,如图 3-3-5 所示,设置第二、第三列尺寸为指定宽度"62%"和"30%",完成后的表格第一列用于输入页码,第二列用于输入文章标题,第三列用于输入作者信息。

9. 在表格上单击鼠标右键,单击"边框和底纹…",在弹出的"边框和底纹"对话框中单击"边框"选项卡,设置样式为"单细线",宽度"1磅",应用于"表格",并取消所有纵向线,保留所有横向线,如图3-3-6所示,单击【确定】按钮。

图3-3-6 设置表格边框

10. 选中表格第一行,单击鼠标右键,单击"合并单元格",将第一行合并为一个单元格。

11. 在图2-3-6中单击"底纹"选项卡,在"填充"类中单击下拉列表,选择填充"白色,背景1,深色15%",如图3-3-7所示。再在"开始"选项卡的"字体"组中,设置字形"加粗"。

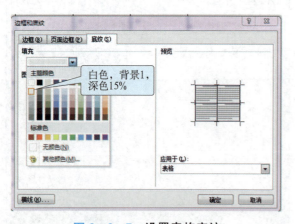

图3-3-7 设置表格底纹

12. 使用上述相同的方法,根据5个栏目采用的文章数量,分别将用于输入栏目板块名称的其他四行也合并(第3、13、17、22行),底纹填充"白色,背景1,深色15%",并设置字形"加粗"。

13. 在设置好属性的表格中输入数据,包括5个栏目板块名称和19篇文章的标题、页码和作者信息等;选中5个栏目板块名称所在单元格,在表格工具"布局"选项卡的"对齐方式"组中,单击"中部居中",如图3-3-8所示,使文字在单元格内水平和垂直都居中;完成后按快捷键[Ctrl]+[S]再次保存文件。

图3-3-8 设置表格文字对齐方式

三、编著者信息(页面左侧)

1. 将光标定位到页面左侧段落,在"插入"选项卡的"表格"组中,单击"表格",然后在"插入表格"下,拖动鼠标以选择需要的行数和列数,插入一个1×1的表格。

2. 选中表格,单击右键,在右键快捷菜单中选择"表格属性",在弹出的"表格属性"对话框中的"行""列"选项卡中分别设置,指定行高6.2厘米,指定列宽4.3厘米。

3. 单击单元格,输入提示文字"封面缩略图",作为预留插入封面缩略图的空间。

4. 选中包含文字"封面缩略图"的单元格,打开表格工具,在"布局"选项卡的"对齐方式"组中,先单击"文字方向",将文字设置为垂直显示(参见图3-3-8),再单击"中部居中",使文字在单元格内水平和垂直都居中。

5. 将光标定位在表格下方,在"开始"选项卡的"字体"组中设置,字体"宋体",字号"五号",然后逐行输入编著者信息。

6. 编著者可包括顾问、指导教师、社长、总编辑、编辑、校对、美工和摄影等,其中职务名称左对齐,姓名向右缩进一个制表位,即按[Tab]键一次。

7. 全部输入完毕后,根据人员数量和总

行数合理调整行距、段落间距。

8. 左侧版面完成后,按快捷键[Ctrl]+[S]再次保存文件。

四、附加信息(页面下侧)

1. 将光标定位到页面下侧段落,输入"联系电话:021－12345678 欢迎投稿:topo@hotmail.com"等附加信息,设置为黑体、小四号字、居中对齐。

2. 选中邮箱地址部分文字,单击鼠标右键,单击"超链接…",如图3-3-9所示。在弹出的"插入超链接"对话框中先选择链接到"电子邮件地址",再设置要显示的文字"topo@hotmail.com",电子邮件地址"mailto:topo@hotmail.com",主题"投稿",如图3-3-10所示,单击【确定】按钮。

五、检查文件

1. 按快捷键[Ctrl]+[S],再次保存制

图 3-3-9　插入超链接

图 3-3-10　设置超链接

作好的成品文档,然后关闭文件。

2. 重新打开文件"目录页.docx",仔细校对文字,审核排版效果,修正满意后确定保存。

目录页最终制作效果如图3-3-11所示。

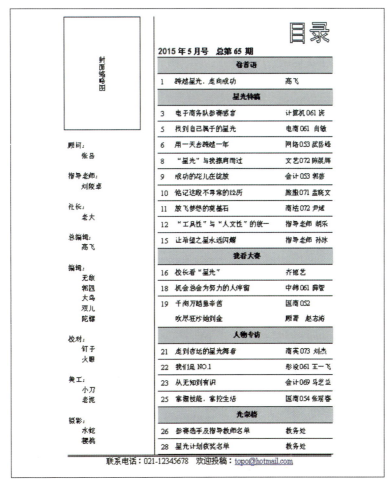

图 3-3-11　目录页样张

 知识链接

一、快速访问工具栏

快速访问工具栏是一个可自定义的工具栏,包含一组独立于当前显示的功能区上选项卡的命令。使用快速访问工具栏,可以大大减少击键或鼠标移动,从而节省时间和精力。

用户还可以自定义快速访问工具栏,单击打开"自定义快速访问工具栏"下拉菜单,可以勾选需要在快速访问工具栏显示的快捷按钮,如图3-3-12所示;也可以单击"其他命令",在打开的"Word选项"对话框中完成对快速访问工具栏按钮的添加、删除、移位和重置等操作,如图3-3-13所示。

图3-3-12 快速访问工具栏设置

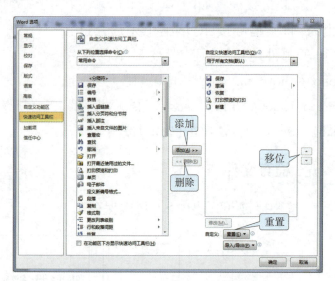

图3-3-13 快速访问工具栏的编辑

二、表格排序

有些表格可能需要对数据进行排序,比如大家熟悉的成绩表。

选中需要排序的表格,打开表格工具,在"布局"选项卡的"数据"组中,单击"排序",如图3-3-14所示,在弹出的"排序"对话框中,可以设置主要、次要和第三关键字,数据类型,以及按升序或降序排列,如图3-3-15所示。

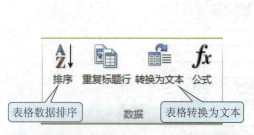

图3-3-14 "布局"选项卡"数据"组界面

图3-3-15 排序对话框

表 3-3-1 为按学号排列的一组学生成绩。全部选中，排序，设置主要关键字"总分"，勾选"降序"；次要关键字"数学"，也勾选"降序"。排序完成后得到表 3-3-2，学生按总成绩排名，如果总成绩相同的，按数学成绩的高低排名。

表 3-3-1 按学号排列

学号	姓名	语文	数学	外语	总分	学号	姓名	语文	数学	外语	总分
1	无敌	95	96	60	251	1	无敌	95	96	60	251
2	大鸟	78	86	90	254	5	双儿	70	89	92	251
3	钉子	65	75	70	210	2	大鸟	78	83	90	251
4	高飞	89	66	80	235	6	陀螺	67	92	81	240
5	双儿	70	89	92	251	4	高飞	89	66	80	235
6	陀螺	67	92	81	240	7	火眼	73	85	76	234
7	火眼	73	85	76	234	9	老泥	82	78	65	225
8	小刀	79	50	88	217	8	小刀	79	50	88	217
9	老泥	82	78	65	225	3	钉子	65	75	70	210

自主实践活动

1. 背景与任务

眼看一年就要过去了，总公司为丰富员工的文化生活，促进各子公司之间的交流和友谊，决定举办一场年终文艺汇演，演出时间初步定为 1 月 10 日。得到通知后，各部门一边紧锣密鼓地排练，一边将选送的节目上报到公司总部。文艺汇演节目组按照总经理的要求，将声乐、舞蹈、曲艺 3 个大类的节目穿插起来，编排了一台精彩的节目。现在需要为本次年终文艺汇演制作一份节目单，以方便观众了解整台演出的节目内容、出演次序、参演单位和个人。

运用各子公司上报的汇演节目信息，使用 Word 制作一份年终文艺汇演节目单。素材保存在"学生实践活动—年终文艺汇演"文件夹中。

2. 设计与制作要求

（1）文字醒目，版面布局合理。
（2）使用表格，有条理的展示包含节目序号、类别、名称、演出单位等完整信息。
（3）合理设置表格属性，使节目单清晰美观。
（4）可插入图片丰富美化页面。

打开光盘中"项目三\活动三\学生实践活动——年终文艺汇演"文件夹，按要求使用所给素材，完成任务。

活动四 制作校刊封面和获奖展示页

活动要求

拿到一本期刊,首先映入读者眼帘的就是刊物的封面。封面设计既要满足阅读对象的阅读特点和审美个性,还要反映刊物的文本内容和主体精神。封面一般包括刊物名称、编著者姓名、学校名称等文字、出版时间、刊物期数等内容,以及展现刊物内容、性质、体裁的装饰图片,主要运用色彩和构图等手段。

"星光计划"特刊已经基本完成了组稿排版的任务,总编准备搞一个获奖展示页,展示学校本届"星光计划"获奖情况,让大家近距离触摸"星光";封面美编也准备采用"星光计划"图像设计比赛参赛选手的作品作为封面主图,并推荐一批重点稿件给读者,让读者能够在最短的时间里获得最大的收获。

活动分析

一、思考与讨论

1. "星光计划"特刊的封面和获奖展示页怎样才能吸引读者的眼球?校刊名称怎样才能醒目?
2. "星光计划"的获奖展示页应该包含哪些内容?最好以什么形式展示?
3. 在活动二中我们学习了图片的插入和设置,现在要插入形状,该如何操作?
4. 要使图像上的文字可见,图像的文字环绕方式该选择哪种?文字颜色该怎样设置?

二、总体思路

通过页面设置,添加背景填充效果,对"星光计划"主题图片进行布局设置等,制作封面背景

↓

采用艺术字展示校刊名称,使用文本框、项目符号对编著者、学校名称、推荐文章的标题等排版

↓

在封面右下角绘制由同心圆、心形和十字星构成的校刊标志,并对各形状进行填充和线条颜色的设置

↓

通过将文字转换成表格,并对表格、插入的图形进行编辑,完成获奖展示页的制作

↓

仔细检查,设置打印属性,预览最终打印效果

方法与步骤

一、校刊封面制作

（一）页面设置

1. 打开文字处理软件 Word，建立空白新文档。

2. 在"页面布局"选项卡的"页面设置"组中，单击右下角的"页面设置对话框启动器"，如图3-4-1所示，在弹出的"页面设置"对话框中，设置页边距，上、下、左、右均为"0"，纸张方向"纵向"，如图3-4-2所示。

图3-4-1 启动"页面设置对话框"

图3-4-2 页面设置对话框

3. 在图3-4-2中单击"文档网格"选项卡，设置为"无网格"。

4. 单击"文件"选项卡，单击"保存"选项，在弹出的"另存为"对话框中，以"校刊封面.docx"保存。

（二）编辑图形信息

1. 在"页面布局"选项卡的"页面背景"组中，单击"页面颜色"，如图3-4-3所示，在弹出的快捷菜单中选择"填充效果"，再在弹出的"填充效果"对话框中单击"渐变"选项卡，设置颜色"预设"，预设颜色"金乌坠地"，底纹样式"斜下"，变形选择右上角图例，如图3-4-4所示，单击【确定】按钮。

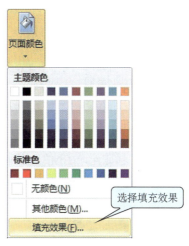

图3-4-3 设置页面颜色

图3-4-4 设置填充效果

2. 在"插入"选项卡的"插图"组中，单击"图片"；在弹出的"插入图片"对话框中，选择要插入的图片文件"星光参赛作品.PNG"，单击【插入】按钮，将图片插入文档中（参见图3-2-9）。

3. 在图片上单击鼠标右键,在弹出式快捷菜单中选择"自动换行"子菜单,再选择文字环绕方式为"衬于文字下方"(参见图3-2-10)。

4. 参考图3-2-10,单击"大小和位置…",在"布局"对话框中选择"位置"选项卡,设置水平对齐方式:"居中",相对于"页面";垂直对齐方式:"下对齐",相对于"页面"。单击【确定】按钮,完成图片的插入和定位。

5. 完成后,按快捷键[Ctrl]+[S]再次保存文件。

（三）编辑文字信息

1. 在"插入"选项卡的"文本"组中,单击"艺术字",再在弹出式快捷菜单中选择第四行第二列的"渐变填充—橙色,强调文字颜色6,内部阴影"样式,如图3-4-5所示。

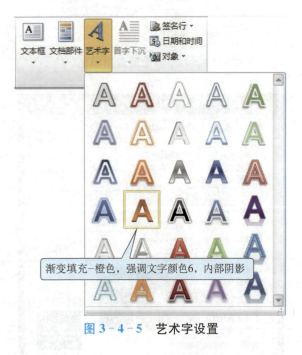

图3-4-5 艺术字设置

图3-4-6 艺术字文本效果设置

2. 输入艺术字内容"星缘",并在"开始"选项卡的"字体"组中,设置字体"方正舒体",字号"120"。

3. 选中艺术字,打开绘图工具,在"格式"选项卡的"艺术字样式"组中,单击"文本效果",再在下拉菜单中选择"转换"子菜单,在弹出的快捷菜单中单击"山形",如图3-4-6所示,完成校刊名称的制作。

4. 右击艺术字,在右键快捷菜单中选择"自动换行"子菜单中的"浮于文字上方",用鼠标拖拽,将艺术字摆放在页面上的任何位置了。

5. 使用上述完全相同的方法,再插入一组艺术字"星光计划"特刊,第二行第二列的"填充—橙色,强调文字颜色6,轮廓—强调文字颜色6,发光—强调文字颜色6"样式,字体"华文彩云",字号"32",字形"加粗",版式"浮于文字上方"。

6. 再插入图片"Logo.PNG",缩放为相对原始图片大小的"20%",锁定纵横比,版式"浮于文字上方"。将上面3组浮动对象摆放在封面左上部合适的位置,如图3-4-7所示。

7. 在"插入"选项卡的"文本"组中,单击"文本框",如图3-4-8所示,在弹出的快捷菜单中选择"绘制文本框",然后在页面中需要的位置单击或拖动,插入横排文本框,文字环绕设

图 3-4-7　插入艺术字和图片以后的效果

图 3-4-8　插入文本框

置为"浮于文字上方"。

8. 在文本框中输入两段文字"主办：上海求实职业学校学生会"和"2015 年 5 月号总第 65 期"等信息，并设置字体"幼圆"，字号"二号"，字形"加粗"，文本效果"填充—白色，投影"，"居中"对齐。

9. 选中文本框，打开绘图工具，在"格式"选项卡的"形状样式"组中，先单击"形状填充"，在下拉菜单中选择"无填充颜色"，如图 3-4-9 所示；再单击"形状轮廓"，在下拉菜单中选择"无轮廓"，如图 3-4-10 所示。使该文本框完全透明，内部的文字就可以随文本框在页面上随意移动。

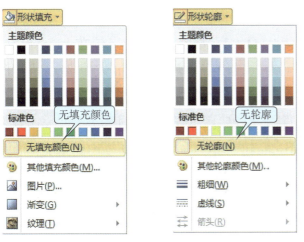

图 3-4-9　设置文本框填充　图 3-4-10　设置文本框轮廓

10. 使用完全相同的方法，再插入一个透明横排文本框，输入一组重点稿件的文章标题，并设置字体"隶书"，字号"一号"，字体颜色"水绿色，强调文字颜色 5，淡色 80%"，文本"右对齐"。

11. 选中所有文章标题，在"开始"选项卡的"段落"组中，单击"项目符号"，在下拉菜单中选择"定义新项目符号"，如图 3-4-11 所示。

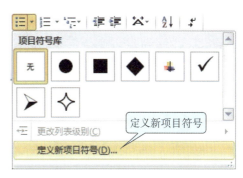

图 3-4-11　选择"自定义项目符号"

12. 在弹出的"定义新项目符号"对话框中先单击"字体"按钮，如图 3-4-12 所示，在弹出的"字体"对话框中设置字体颜色"黄色"、字号"三号"；再单击【符号】按钮，在弹出的"符号"对话框中选择合适的图形符号，如图 3-4-13 所示，单击【确定】按钮。

图 3-4-12　"定义新项目符号"对话框

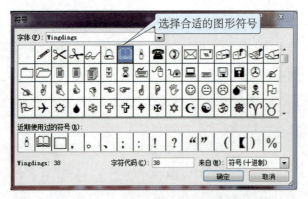

图 3-4-13 选择自定义项目图形符号

13. 完成后,按快捷键[Ctrl]+[S]再次保存文件。

(四) 绘制校刊标志

1. 在"插入"选项卡的"插图"组中,单击"形状",在弹出的快捷菜单中选择基本形状类的"同心圆",如图 3-4-14 所示;拖拽鼠标在封面右下角位置绘制一个圆环,并适当调节大小与形状。

2. 右键单击绘制好的形状,在右键快捷菜单中选择"设置形状格式",在弹出的"设置形状格式"对话框中,先单击"填充",设置"渐变填充",选择预设颜色为"彩虹出岫",如图 3-4-15 所示;再单击"线条颜色",设置"实线",选择颜色为"水绿色,强调文字颜色5,淡色80％";然后单击"线型",设置宽度"3 磅",单击【关闭】按钮。

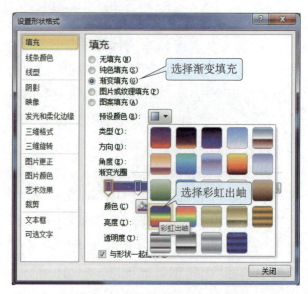

图 3-4-15 设置形状格式对话框

3. 使用上述完全相同的方法,再插入基本形状类的心形和星与旗帜类的十字星,如图 3-4-14 所示,按照十字星在上、心形在下的位置放在圆环中,调节大小与形状,并将"填充""线条颜色"和"线型"宽度分别设置为"橙色"、"水绿色,强调文字颜色5,淡色80％"和"3 磅"。

4. 按住[Shift]键,分别选中圆环、十字星、心形,打开绘图工具,在"格式"选项卡的"排列"组中,如图 3-4-16 所示,先单击"对齐",在弹出的快捷菜单中选择"左右居中";

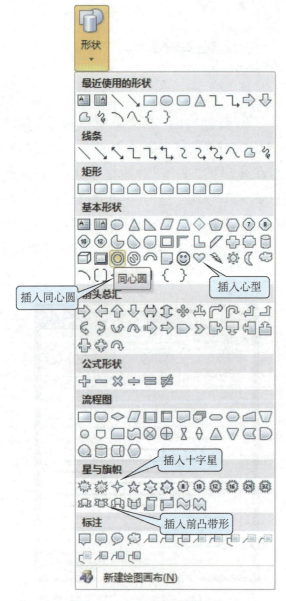

图 3-4-14 选择插图形状

再单击"组合",完成校刊标志的制作。按快捷键[Ctrl]+[S]再次保存文件。

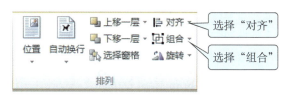

图3-4-16 图形排列方式设置

(五)检查文件

1. 单击快速访问工具栏中的保存按钮 ,保存最终制作好的成品文档,然后关闭文件。

2. 重新打开文件"校刊封面.docx",仔细校对文字,审核排版效果,修正满意后确定保存。

"校刊封面"最终制作效果如图3-4-17所示。

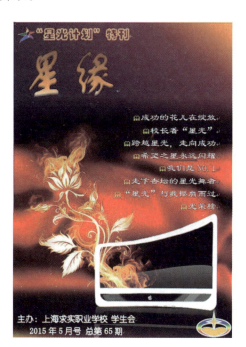

图3-4-17 "校刊封面"样张

二、获奖展示页制作

(一)将文字转换成表格

1. 打开"获奖情况.docx"文档。

打开光盘"项目三\活动四\获奖情况.docx"文件。

2. 选中要转换的全部文字,在"插入"选项卡的"表格"组中,单击"表格",再在弹出式菜单中选择"文本转换成表格…",在弹出的"将文字转换成表格"对话框中,设置"文字分隔位置"为"空格",Word自动判断"表格尺寸"为5列33行,如图3-4-18所示,单击【确定】按钮。

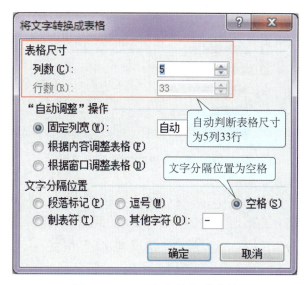

图3-4-18 文字转换成表格

3. 按快捷键[Ctrl]+[S]将文件保存为"获奖展示页.docx"。

(二)表格编辑

1. 将光标定位在"项目名称"列任意位置,单击鼠标右键,在弹出的右键快捷菜单中单击"插入"子菜单中的"在左侧插入列",如图3-4-19所示,则在左侧插入1列;在新列的第一个单元格中输入文字"序号",选中整个表格,设置表格文字宋体、五号,水平和垂直都居中(参见图3-3-8)。

2. 将光标定位到第一列任意单元格,单击鼠标右键,在弹出的右键快捷菜单中单击"表格属性…",在弹出的表格属性对话框中设置列宽为1.5厘米;选中其余各列,设置列宽为2.5厘米;选中整表,单击[Ctrl]+[E]使整表居中。

图 3-4-19 在表格中插入行或列

3. 选中"序号"列下面所有的空单元格,在"开始"选项卡"段落"组中单击"编号"下拉列表,单击"定义新编号格式…",在弹出的"定义新编号格式"对话框中设置:编号样式"1,2,3…",编号格式"1",对齐方式"右对齐",则按顺序在"序号"列填充数字。

4. 将光标定位在第一行任意位置,在图 3-4-19 中单击"在上方插入行",则在表格最上面生成空行,选中第一行各单元格,单击鼠标右键,在弹出的右键快捷菜单中单击"合并单元格",则第一行合并为一个单元格;单击鼠标右键,单击"边框和底纹…",在弹出的"边框和底纹"对话框中单击"边框"选项卡(参见图 3-3-6),将上框线和左右框线去掉。

5. 单击鼠标右键,在弹出的右键快捷菜单中单击"表格属性…",在弹出的"表格属性"对话框中单击"行"选项卡,设置行高为"4 厘米"。

6. 光标定位于第一行单元格中,参考图 3-4-14 插入"前凸带形",单击鼠标右键,在弹出的右键快捷菜单中单击"其他布局选项…",在弹出的布局对话框(参见图 3-2-11)中设置:大小"高度 2.9 厘米,宽度 9.45 厘米",位置"水平居中于页面,垂直居上边距 0.3 厘米"。

7. 选中图形,单击鼠标右键,在弹出的右键快捷菜单中单击"添加文字",输入文字"获奖展示",字体"楷体",字号"一号",设置第二行第二列的文字效果。

8. 将项目名称一样的单元格合并(参考第 3 步)。

(三) 检查文件

1. 单击快速访问工具栏中的保存按钮 ![icon],再次保存制作好的成品文档,然后关闭文件。

2. 重新打开文件"获奖展示页.docx",仔细校对文字,审核排版效果,修正满意后确定保存。

"获奖展示页"最终制作效果如图 3-4-20 所示。

三、打印预览

所有图形、文字对象布局完成后,可单击快速访问工具栏中的打印预览和打印按钮 ![icon],检查排版效果,并选择打印机,设置打印范围、份数、方向、纸张大小和页边距等,如图 3-4-21 所示,单击【打印】按钮完成打印。

序号	项目名称	项目性质	获奖等第	获奖者姓名	指导教师
1	硬笔书法	单项	一等奖	沈佳妮	张媛媛
2		单项	二等奖	张瑶瑶	宋玲
3	应用文写作	单项	一等奖	屠梦丽	罗美玲
4		单项	二等奖	叶小玲	罗美玲
5		单项	二等奖	刘佳佳	罗美玲
6		单项	二等奖	邵文铭	罗美玲
7		单项	三等奖	王嘉	罗美玲
8		单项	三等奖	赵婷	罗美玲
9		单项	三等奖	吴美真	罗美玲
10	计算机操作	单项	一等奖	杨萍	凌子枫
11		单项	二等奖	王方圆	凌子枫
12		单项	三等奖	程容	凌子枫
13	文字录入	个人全能	一等奖	宁浩然	陈宏
14		个人全能	一等奖	王明	陈宏
15		个人全能	一等奖	宁豪	冯玉英
16		个人全能	二等奖	高子豪	冯玉英
17		个人全能	二等奖	张丹丹	冯玉英
18	化妆	个人全能	一等奖	张枫	王珏
19		个人全能	二等奖	李若然	王珏
20		个人全能	三等奖	王茜	王珏
21	美发	个人全能	一等奖	张艺文	何静雯
22		个人全能	二等奖	沈婷婷	刘中华
23		个人全能	三等奖	龚子怡	刘中华
24		个人全能	三等奖	陈征	刘中华
25		个人全能	三等奖	吴兰	刘中华
26	手工记账	个人全能	一等奖	唐雅之	胡伟琴
27		个人全能	二等奖	董雨桐	胡伟琴
28		个人全能	三等奖	吴依依	李力
29		个人全能	三等奖	吕燕	李力
30	电子商务	团体全能	二等奖	刘美华	许萌
31		团体全能	二等奖	胡文	许萌
32		团体全能	二等奖	陈铭	许萌

图 3-4-20　获奖展示页样张

图 3-4-21　打印设置

一、页眉页脚

页眉和页脚是指出现在文档顶端和底端的小标识符，它们提供了关于文档的重要背景信息，包括页码、标题、作者姓名、章节编号以及日期等。页眉和页脚可以极大提高长文档的易用性，并使外观效果更专业。

将制作的校刊的活动一～四的内容按封面、卷首语、目录、内容、获奖展示页的顺序合并为一个 Word 文档后，篇幅会很长，目录页中制作的页面索引也需要对应的页码标号，所以非常需要在页眉页脚中添加相应信息。

在"插入"选项卡的"页眉和页脚"组中,单击"页眉"或"页脚",如图 3-4-22 所示,在弹出的快捷菜单中选择"编辑页眉(页脚)"便进入了页眉或页脚的编辑状态,同时打开了"页眉和页脚工具"。

在页眉和页脚工具的"设计"选项卡中包含:

(1)"插入"组,可以选择插入对象"日期和时间""图片""剪贴画"和"文档部件";

图 3-4-22 "页眉和页脚"组界面

(2)"导航"组,可以将插入点在页眉区和页脚区之间切换,如图 3-4-23 所示。

(3)"选项"组,可以设置首页、奇数页和偶数页具有不同的页眉和页脚;

(4)"位置"组,可以设置页眉区和页脚区距上下边界的距离;

(5)"关闭"组,单击"关闭页眉和页脚"按钮就会退出页眉或页脚的编辑状态,如图 3-4-24 所示。

图 3-4-23 设置页眉和页脚 1

图 3-4-24 设置页眉和页脚 2

二、将表格转换成文本

Word 支持文本和表格的相互转换。将表格转换成文本时,选择要转换为段落的行或表格,打开表格工具,在"布局"选项卡的"数据"组中,单击"转换为文本"(参见图 3-3-14),在弹出的"表格转换成文本"对话框中,设置所需的"文字分隔符"即可。

例如,将下表全部选中,并设置"文字分隔符"为"制表符",如图 3-4-25 所示,单击【确定】按钮。

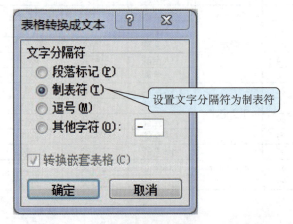

图 3-4-25 "表格转换成文本"对话框

指数	开盘	收盘	最高	最低	涨跌幅	成交量
上证综指	1 761.44	1 730.49	1 770.26	1 729.48	-0.96%	232.9 亿元
深证成指	4 515.37	4 461.65	4 580.68	4 455.64	-0.68%	237.9 亿元

转换完成的文本如下,表格各行用段落标记分隔,各列用制表符分隔。

指数	开盘	收盘	最高	最低	涨跌幅	成交量
上证综指	1 761.44	1 730.49	1 770.26	1 729.48	-0.96%	232.9 亿元
深证成指	4 515.37	4 461.65	4 580.68	4 455.64	-0.68%	237.9 亿元

三、生成 PDF 文件

Adobe 公司的 PDF 是 Portable Document Format(便携文件格式)的缩写,是世界电子版文档分发的公开实用标准。PDF 具有许多其他电子文档格式无法相比的优点,可以将文字、字型、格式、颜色及独立于设备和分辨率的图形图像等封装在一个文件中。该格式文件还可以包含超文本链接、声音和动态影像等电子信息,支持特长文件,集成度和安全可靠性都较高。

 小贴士

Word 2010 中可以直接将 Word 文档保存为 PDF 格式。具体步骤如下:
(1) 文档编辑完成后,单击"文件"选项卡"另存为"命令。
(2) 在弹出的"另存为"对话框中选择"保存类型"为 PDF(＊.pdf),即可将 Word 文档保存为 PDF 格式文件。

 自主实践活动

1. 背景与任务

上海国际电影节创办于 1993 年,如今的上海国际电影节已经成为一个电影人的盛大节日,参展的国家、影片数量、质量和种类逐年攀升。第十八届上海国际电影节将于 2015 年 6 月 13～21 日举行,目前电影节各项筹备工作业已展开。现组委会向社会各界广泛征集"第十八届上海国际电影节观礼券",用于电影节期间邀请嘉宾、媒体代表、电影爱好者和各国友人等观摩影片。

运用组委会提供的信息和素材,使用 Word 制作一张双面的电影节观礼券。资料保存在"学生实践活动——上海国际电影节"文件夹中。

图 3-4-26 电影节图标

2. 设计与制作要求

(1) 尺寸大小:宽 19.71 厘米,高 8.52 厘米。
(2) 必须包含的文字:第 18 届上海国际电影节,The 18th Shanghai International Film Festival,2015 年 6 月 13～21 日,June 13－21,2015。
(3) 必须包含的图片:上海国际电影节标准图标,如图 3-3-26 所示。
(4) 色彩明快,具有国际性。
(5) 主体形象能反映本届电影节精神:活跃、新锐、大众;电影节突出高雅、品位和艺术性。

 打开光盘中"项目三\活动四\学生实践活动——上海国际电影节"文件夹,按要求使用所给素材,完成任务。

归纳与小结

利用文字处理软件对文字及图形、图像处理的基本过程和方法：

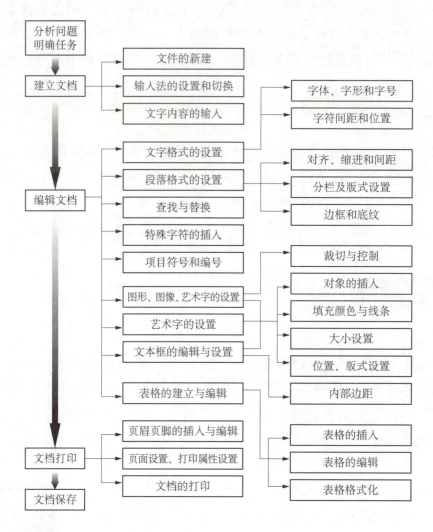

综合活动与评估

制作求职自荐材料

每个人都要走向社会，在某一领域从事一定的职业。工作既是我们获得相应经济收入的途径，也是展示个人能力与才干的舞台。找到一份工作，谋得一个职位则是人生事业的重要开端，是迈向成功殿堂的第一个台阶。如何谋到理想的职业和岗位就成为摆在每个同学面前的课题。

制作求职自荐材料，往往是同学们寻求工作岗位的首要步骤。通过人才中心、招聘大会、求职网等了解到多家单位或公司的招聘信息后，要对这些信息进行分析，从兴趣特长的发挥、工资水平、福利待遇、专业方向、未来发展、员工培训等多个方面比较,然后再根据自己的爱好、特点、所学知识等制作一份求职自荐材料,E-mail 或现场投递到向往的单位,为下一步的面试创造条件。

为顺利完成求职材料的准备与制作,首先要了解求职自荐材料的基本构成,以及每一部分的格式、内容、要求等,然后使用文本信息处理工具 Word 来完成制作。

活动分析

1. 求职信:了解求职信的一般概念,掌握求职信的格式及写作要求,再从自身具体情况出发撰写求职信,然后在 Word 中输入文字内容,并按规范格式排版。

2. 个人简历:首先了解求职简历的基本要求和一般样式,使用 Word 表格功能设计并制作简历,再在简历表格中填写个人信息。

3. 封面设计:使用 Word 图文混排功能为全套求职自荐材料制作封面。

方法与步骤

一、求职信

求职信是求职者写给招聘单位或雇主,用来介绍自身情况、表达求职意愿的信函。它一般分为推荐信和自荐信两种,常见的多指自荐信。一份好的求职信能体现求职者清晰的思路和良好的语言表达能力,体现沟通交际能力和性格特征;能为求职者赢得理想的职位,奠定良好的基础。所以写好求职信是敲开职业大门的重要步骤。

求职信在结构上分为开头、正文、结尾和落款 4 个部分,一般包括以下内容:

1. 说明通过什么渠道得到对方的用人信息及希望从事的岗位,并表明求职意愿。

2. 陈述能够胜任对方空缺岗位的主客观条件,包括有关知识技能和特长、受过哪些训练及实践等。

3. 简介个人经历、概况,并附上个人简历一份。

4. 表达自己的诚意,请求对方给予面谈机会,并写明自己的联系方式。

5. 附上相关的证明资料。为了证明求职信内容的真实性,可随求职信附上相关的证明资格、经历、能力等资料,如学历证明、资格认定证书、获奖证明、发表过的著作等资料的复印件。

参考样张如下:

> 尊敬的领导:
> 　　您好!
> 　　我是求实职业学校计算机应用专业的应届毕业生。欣闻贵单位(公司)管理严谨,积极向上,此刻招贤纳才,也来毛遂自荐,殷切地希望成为你们中的一员。
> 　　我能够熟练应用 Windows 操作系统,学习过平面设计、课件制作、网页制作、办公软件、Visual Basic、Access 数据库、网络技术、计算机组装与维护等。
> 　　在校期间,我曾先后担任班干部和校学生会干部,积极参加各种学校活动,在增强了自身能力的同时,也对社会多了一分了解。
> 　　恳请贵单位(公司)给我一次展示的机会,倘若有幸成为贵单位(公司)的一员,我一定将我的一腔热情、我的蓬勃朝气、我的所知所学融于我们的事业,以您的信任、我的努力,共创明日辉煌!

随信附上我的简历,并期待着有机会同您面谈。再次向您致以诚挚的谢意。祝愿贵公司生意兴隆,万事亨通!

　　　　　　　　此致

敬礼!

自荐人:徐海燕
2015 年 5 月 20 日

二、个人简历

　　简历是完整的求职材料中必要的组成部分。它一方面以较详细的内容补充信函部分内容不宜过大、信息总量的不足,另一方面能清楚地让聘用单位或公司尽快地了解到求职者的受教育情况和工作经历,快速地判定求职人在知识和经验等方面能否胜任工作,以便决定是否进行下一步的面试安排。

　　个人简历一般包括 4 个部分:

　　1. 个人基本情况,在此应列出姓名、性别、年龄、籍贯、政治面貌、学校、所学专业、婚姻状况、身体情况、爱好与兴趣、家庭住址、电话号码等。

　　2. 学历情况,包括曾在哪个学校,学习什么专业,学习时间,所学课程,学习成绩,在班级担任的职务,在校期间受到的表彰和奖励,获得的荣誉。

　　3. 工作履历情况,若有工作经验,首先列出最近的资料,然后再介绍曾工作的单位、日期、职位、工作性质。

　　4. 求职意向,即求职目标和个人期望的工作职位,表明自己通过求职希望得到的工作和岗位等。

　　刚走出校门的毕业生,如果没有与申请的工作相关的经验,应该更着重强调所受的教育与培训,尤其是与正在申请的工作最直接相关的课程或实践活动,同时重视在学校里完成的毕业实践和毕业设计。这些活动也同样要求高度自律的特性、完成不同任务的能力以及其他方面的个人素质,而这些素质也正是许多工作岗位所需要的。

　　参考样张如下:

姓　　名		性　别		年　龄		
民　　族		政治面貌		健康状况		
毕业院校		专业				[照片]
电　　话		E-mail				
地　　址		邮编				
受教育情况						
实践与实习						
工作经历						
个性特点						

三、封面设计

　　好的封面能提高求职信的视觉效果,给人以愉悦的感受,使招聘者在未打开求职信之前就有良好的初步印象,为顺利通过初审,达到面试的目的,奠定了良好基础。

　　求职自荐材料的封面采用图文混排,讲求文字清晰醒目,整体美观大方:

　　1. 文字内容应包含个人最基本的信息,让人一目了然,一般包括姓名、毕业院校、专业和个人联系方式。

　　2. 图像可以采用毕业院校相关图片、标志等,也可以纯为装饰性图案,反映出求职者的精神面貌和审美情趣。

　　参考样张如下:

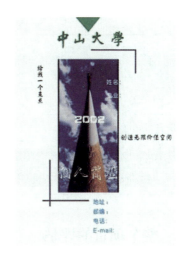

评估

一、综合活动的评估

根据综合实践活动，完成下面的综合活动评估表，先在小组范围内学生自我评估，再由教师对学生进行评估。

综合活动评估表

学生姓名：_____　　　　　　　　　　　　　　　　　　　　　　　　日期：_____

学习目标		自评		教师评	
		继续学习	已掌握	继续学习	已掌握
1. 网上获取和筛选信息的能力	使用搜索引擎查找信息				
	根据网址浏览和获取信息				
2. 根据问题的要求，规划设计版面的能力					
3. 恰当选择信息处理工具的能力	认识文字处理软件				
4. 文字的基本操作	文字处理窗口的认识				
	打开文档				
	保存文档				
	文字的输入				
5. 文字的格式化	字体，字的大小与颜色				
	插入页眉、页脚、页码				
	边框与底纹				
6. 根据实际需要，选择恰当的表格样式的能力					
7. 插入表格的操作	建立表格				
	表格的简单编辑				
8. 插入艺术字及调整艺术字的大小					
9. 文本框的使用及简单的处理能力					

续表

学习目标	自评		教师评	
	继续学习	已掌握	继续学习	已掌握
10. 插入图片及调整图片的大小、位置等				
11. 自选图形的绘制与填充				
12. 图片叠加、图片透空、图形图像旋转、水印效果				
13. 分析问题、解决问题的综合能力				

二、整个项目的评估

复习整个项目的学习内容，完成下面的学习评估表。

整个项目学生学习评估表

学生姓名：_____
在整个项目的所有活动中最喜爱的活动：_____

1. 在本项目中最喜欢的一件作品是什么？为什么？
_____
_____

2. 本项目包括以下技术领域：
   ☐ 电子表格　　　☐ 文字处理　　　☐ 图像处理
   ☐ 因特网　　　　☐ 程序设计　　　☐ 数据库
   ☐ 多媒体演示文稿　☐ 网页制作

3. 本项目中哪项技能最具挑战性？为什么？
_____
_____

4. 本项目中，对哪项技能最感兴趣？为什么？
_____
_____

5. 本项目中哪项技能最有用？为什么？
_____
_____

6. 比较文字处理软件、网络的应用，它们各使用哪几方面的信息处理？
_____
_____

7. 请举例说明在什么情况下使用文字处理软件。
_____
_____
_____

项目四

多媒体信息处理

——中国传统节日春节微视频设计与制作

情境描述

古老的中华民族文化丰富多彩,源远流长,其中中国传统节日更具特定的民俗文化内涵,是一种特殊的文化资源。本项目将通过制作一段中国传统节日系列影视短片,宣传中国传统文化,希望能让当代人加深对我国民族传统节日文化的了解,从而更加热爱我们的民族文化。

在制作多媒体作品之前,首先应该分析和理解作品所要表达的思想内容及想要宣传的目标主题,然后再设计、创作。在制作过程中,先收集相关的信息素材,如文字、声音、图像、视频等。然后对各种原始素材进行整理及加工,使之符合作品表现要求。最后使用相应的计算机多媒体编辑软件,对将信息素材编辑合成并发布展示。通过本项目的学习,要求能初步学会运用多媒体技术获取、处理及表达信息。

活动一　春节习俗微视频的策划与准备

活动要求

某网站正举办微视频制作大赛,规定作品主题为宣传中华民族传统文化。比赛分3个阶段:申报阶段、初赛阶段和决赛阶段。学生小华是一名电脑爱好者,他决定参加这次大赛并希望取得好的赛绩。计算机多媒体作品的制作一般要经过4个过程:(1)理解主题与设计作品;(2)收集作品相关的信息素材;(3)整理和加工原始素材;(4)信息编辑合成与发布展示。小华在申报之前要做以下几点准备工作:首先确定作品主题为"中国传统节日——春节";然后设计影片的展现方案,即设计影视短片中应包含哪些元素及其出现方式和顺序;最后通过多种渠道获取有关春节的文字、图像及声音等原始信息素材。

活动分析

一、思考与讨论

1. 任何一种作品都是为了表达作者的某种思想,或赞美歌颂,或批判讽刺。主题鲜明的计算机多媒体作品更能让受众产生共鸣并深受启发。请讨论本影视短片所要表达的主题内容。

2. 多媒体信息要比单纯的文字信息更加生动直观,但必须经过精心设计后才可运用,不能生搬硬凑,没有精心设计过的作品不可能较好地表达出主题思想。请说说除了文字以外,你还准备什么素材表达作品?

3. 语言和文字是多媒体作品中不可或缺内容,好的影视解说可使观众更容易理解影视作品所要表达的思想内容。请收集一些关于中国春节传统习俗的文章,并撰写一篇300字左右的影视解说稿。

4. 图像与声音都是多媒体作品的重要元素。请思考,从哪些途径来获取这些信息?怎么获取与作品主题相关的图像和声音等多媒体信息?

5. 录制过程也是一种信息获取的过程,是将文字信息转变为声音信息的一种方法。最简单的录制方法就是使用 Windows 操作系统自带的"录音机"软件。请试着打开"录音机"软件并录制一段你的声音。

二、总体思路

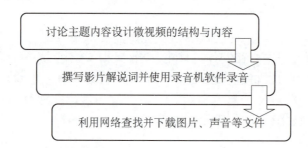

方法与步骤

一、讨论微视频所要表达的主题内容。

春节是我国的传统节日,也是全年最重要的一个节日,在千百年的历史发展中,民间形成了一些较为固定的风俗习惯。春节期间,我国的汉族和很多少数民族都要举行各具特色的活动以示庆祝。这些活动大多以祭奠祖先、除旧迎新、庆禧纳福、祈求丰年、祭祀各种神祇为主要内容,活动丰富多彩且带有浓郁的民族特色。这些春节期间的民俗活动体现了这一悠久的传统民俗文化在当代的继承和弘扬。

本影视短片主要介绍春节的一些较为典型的风俗习惯,让人们加深对我国民俗节日的了解,感悟我国悠久的历史文化,增进爱国情感。

提醒 通过网络或书籍等渠道,收集我国第一传统大节——春节的相关资料,进一步加深对我国这一古老的民俗节日的了解,感悟这些悠久的历史文化。

二、设计微视频的结构与内容

1. 影片由片头文字、片尾文字、一小段视频及分别代表8个习俗的8张图像构成。

2. 片头文字用飞入方式展示,内容为"中国传统节日系列片之一"和"春节"两行文字。

3. 片尾文字用向上滚动方式展示,内容由3行文字组成:"影片策划:×××""影片制作：×××"和"　　年　月　日"。

4. 片头文字后的视频要求能表现喜庆气氛，建议使用央视的春节联欢晚会的开场部分。

5. 用8张具有代表性的图像说明8个春节的重要习俗，图像之间应有不同的过渡效果。

6. 影片中的声音用录制好的影片解说词，并加入背景音乐。背景音乐应欢快，有中国民族风格。

7. 影片的总时间控制在3～5分钟之间。

8. 影片的主色调为红黄两色。

三、撰写微视频解说词文稿。

根据影片的主题，从多种渠道获取有关春节习俗的文字资料，然后撰写影片解说词文稿。参考文稿见配套光盘中的"参考文稿——中国传统节日（春节）.txt"文件。

> 打开光盘中"项目四\活动一\参考文稿——中国传统节日（春节）.txt"文件，按要求使用所给素材，完成任务。

参考文稿内容如下：

中国传统节日：春节

春节是我国一个古老的节日，也是全年最重要的一个节日，如何庆贺这个节日，在千百年的历史发展中，形成了一些较为固定的风俗习惯，有许多还相传至今。以下介绍几种春节中的传统习俗。

1. 扫尘：我国在尧舜时代就有春节扫尘的风俗。这一习俗寄托着人们破旧立新的愿望和辞旧迎新的祈求。

2. 贴春联：春联也叫门对、春贴、对联、对子、桃符等，它以工整、对偶、简洁、精巧的文字描绘时代背景，抒发美好愿望，是我国特有的文学形式。

3. 贴窗花：窗花集装饰性、欣赏性和实用性于一体，烘托了喜庆的节日气氛。

4. 年画：浓墨重彩的年画给千家万户平添了许多兴旺欢乐的喜庆气氛，反映了人民朴素的风俗和信仰，寄托着他们对未来的希望。

5. 守岁：除夕守岁是最重要的年俗活动之一，除夕之夜，全家团聚在一起，吃过年夜饭，点起蜡烛或油灯，围坐炉旁闲聊，等着辞旧迎新的时刻，通宵守夜，象征着把一切邪瘟病疫照跑驱走，期待着新的一年吉祥如意。

6. 爆竹：中国民间有"开门爆竹"一说，即在新的一年到来之际，家家户户开门的第一件事就是燃放爆竹，以哔哔叭叭的爆竹声除旧迎新。

7. 拜年：新年的初一，人们都早早起来，穿上最漂亮的衣服，打扮得整整齐齐，出门去走亲访友，相互拜年，恭祝来年大吉大利。

8. 春节食俗：大约自腊月初八以后，家庭主妇们就要忙着张罗过年的食品了。一般有腌腊味、蒸年糕、包饺子等。

四、使用录音机软件录制微视频解说

1. 将话筒接入到计算机声卡的话筒输入口，如图4-1-1所示。

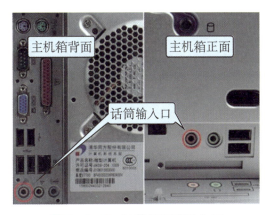

图4-1-1　计算机话筒输入口

2. 单击【开始】按钮，打开"所有程序"列表，然后单击"附件"。打开"附件"中的"录音机"程序，如图4-1-2所示。

3. 单击录音机上的【开始录制】按钮，如图4-1-3所示。

4. 录音完毕后单击录音机上的【停止录制】按键，如图4-1-4所示。

5. 保存声音文件。在"另存为"对话框

图 4-1-2　附件菜单打开录音机

五、运用网络技术查找并下载有效的声音信息

1. 打开 IE 浏览器,登录到百度网站(网站地址为 http：//www.baidu.com),进入百度音乐搜索页面。

2. 用"中国民族音乐"为关键词,搜索相关音乐。

3. 在符合关键词要求的歌曲列表中,下载所需的声音文件并保存到"我的音乐"文件夹中,重命名为"春耕时节",如图 4-1-6 所示。

图 4-1-3　录音机开始录制按键

图 4-1-4　录音机停止录制按键

中保存声音文件。选中音乐库中的"我的音乐"文件夹,以"旁白"为文件名,单击【保存】按钮,如图 4-1-5 所示。

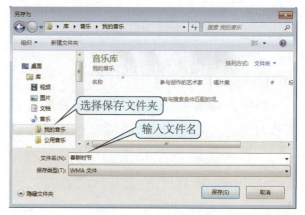

图 4-1-6　保存歌曲

六、运用网络技术查找并下载有效的图像信息

1. 打开 IE 浏览器,登录到百度网站。

2. 用"春节扫尘"为关键词,搜索相关图片。

3. 进入与关键词相关的图片列表网页,查找需要的图片,如图 4-1-7 所示。

4. 依照网页上给出的图片相关信息选

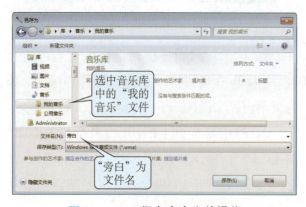

图 4-1-5　保存声音文件操作

图 4-1-7　搜索到的图片列表

择适当的图片,单击后打开该图片,然后单击右键,在打开的快捷菜单中执行"图片另存为"命令,保存图片,如图4-1-8所示。

5. 使用同样的方法查找并下载另外7个与春节习俗相关的图片,并保存在"我的图片"文件夹中,如图4-1-9所示。

图 4-1-8　保存图片

图 4-1-9　图片库

 知识链接

一、常用声音文件格式

1. WAV 文件

波形(.wav)文件是 Windows 存放数字声音的标准格式,也是一种未经压缩的音频数据文件,文件体积较大,可编辑,不适合在网络上传播。图 4-1-10 所示是通过 GoldWave 软件打开的 WAV 文件的声音波形。

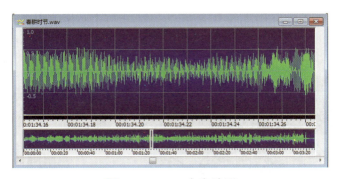

图 4-1-10　声音波形

2. WMA 文件

Windows Media Audio 文件是微软公司新发布的一种音频压缩格式,其采样频率范围宽,有版权保护,数据量小且不失真,非常适合放在网络上实时收听。图 4-1-11 所示是在百度音乐盒中的歌曲列表,能实时地收听列表中的歌曲。

3. MP3 文件

MP3(MPEG Audio Layer 3)文件的压缩程度高,音质好,文件体积小,适合保存在携带式个人数码设备中。图 4-1-12 所示是同一首乐曲的不同文件格式比较:虽然乐曲长度相同,文件的大小却相差很大,但是当我们分别打开它们欣赏时,不会感觉音质上有非常大的不同。

图 4-1-11　百度音乐盒

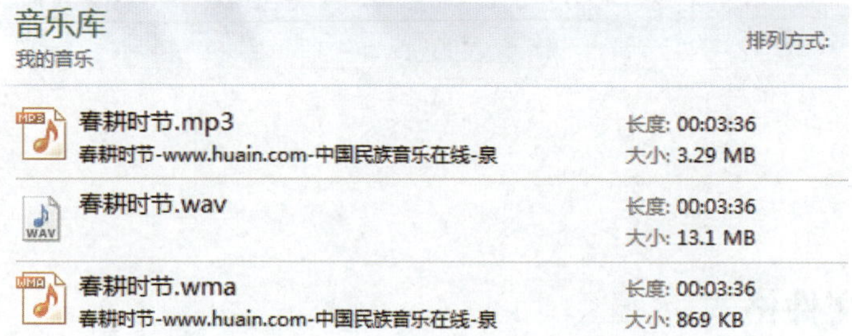

图 4-1-12　不同文件格式比较

4. MIDI 文件

乐器数字接口（Musical Instrument Digital Interface）文件广泛应用于流行游戏、娱乐软件中。由于它并不取自对自然声音采样，而是记录演奏乐器的全部动作过程，如音色、音符、延时、音量、力度等信息，因此数据量很小。图 4-1-13 所示是 MIDI 制作设备及与计算机连接方法。

图 4-1-13　MIDI 及其连接示意图

二、声音处理软件简介

一款优秀的声音处理软件应该具有声音的采集、播放、控制、编辑、转换和效果处理等多项功能。有些还具有改变音乐风格、多音频混合编辑及男女变声等效果。目前较为流行的声音处理软件有 Cool Edit Pro、Adobe Audition、Gold Wave 等，还有专业性很强的声音制作软件，如德国 STEINBERG 公司的 Steinberg Nuendo。Nuendo 实际上是一套软硬件结合的专业多轨录音/混音系统,是一个音乐创作和制作的工作站。

1. Cool Edit Pro

Cool Edit Pro 是一款声音录制、声音编辑与声音合成的多功能声音处理软件。它不但可以同时处理多个文件、多个声道,还提供如放大、降噪、压缩、回声、延迟等多种特效,将电脑变成私人录音棚。比如制作个人原声金曲,先将歌曲声音用"人声消除"的方法获得歌曲的伴奏,再把录制的歌声混合进去就能完成自己的原声歌唱。

2. Adobe Audition

Adobe Audition 是一款专业级的音频编辑和混合环境软件,专为音频和视频专业人员设计,可提供先进的音频混合、编辑、控制和效果处理功能。它是一个完善的多声道录音室,最多混合上百个声道,可使用上百种数字信号处理效果,创造出高质量的丰富、细微的高品质音频。最近还推出 MAC 的版本,可以使得苹果平台和 PC 平台互相导入导出音频工程。

3. Gold Wave

Gold Wave 是一款标准的绿色音乐处理软件,具有体积小巧、功能齐全、无需安装、界面直观、操作简单等优点,因此深受人们青睐。Gold Wave 可以从 CD、VCD、DVD,或其他视频文件中撷取声音,可以同时打开多个文件同时操作,可以批量转换一组声音文件的格式和类型,可以进行立体声和单声道的互换。Gold Wave 内含丰富的音频处理特效,如多普勒、回声、混响、降噪等,允许使用多种声音效果,如倒转、回音、摇动、边缘、动态和时间限制、增强、扭曲等,拥有精密的过滤器(如降噪器和突变过滤器)帮助修复声音文件,是集声音编辑、播放、录制和转换于一体的音频工具。

中国上海国际艺术节

1. 背景与任务

城市经济社会的快速发展,总是对文化提出更高的要求。中国上海国际艺术节作为这座东方国际大都市乃至中国文化的一张名片,正以独特的文化魅力,日益显示引领作用。中国上海国际艺术节是由中华人民共和国文化部主办、上海市人民政府承办的重大国际文化活动,是中国唯一的国家级综合性国际艺术节。自 1999 年至今,中国上海国际艺术节秉承经典、不断创新,走出了辉煌历程。历年的活动内容包括舞台艺术演出、文化艺术展览、群众文化活动和各类演出交易等。

今年中国上海国际艺术节筹备组为宣传历届艺术节,更进一步提升本届艺术节质量,准备制作一部微电影放在艺术节网站上,并向社会征集微电影的设计方案及相关素材。要求影片的主题鲜明,内容充实,能让观众深入了解艺术节的文化内涵。

2. 设计与制作要求

(1) 以中国上海国际艺术节为背景,设计一个数码影视作品的主题与内容。

主题应该鲜明且有针对性,如历届艺术节的简介,包括时间、特色及有代表性的节目等,某届艺术节中的某项活动的介绍,节徽征集作品欣赏,艺术节各场馆介绍,某一位艺术大师的介绍等等方面。作品内容不宜过多,影片时间不宜过长。

（2）根据主题与内容，查找相关文字资料，撰写解说词，并录制在计算机内。

（3）通过各种渠道获取与主题相关的、能表现作品内容的多媒体信息，如图像、声音、视频等。

参考网站：http://www.artsbird.com/

活动二　春节习俗微视频的素材加工

活动要求

通过小华第一阶段的努力，该微视频大赛举办网站发来了电邮通知，祝贺小华申报成功并邀请他继续参加第二阶段的初赛。初赛要求参赛者将影视作品中的素材上传到该网站，并评选出优秀作品，获奖者可进入第三阶段的决赛。

小华的电脑知识让他知道：各种渠道获取的信息素材称为原始素材，原始素材虽然与主题相关但通常不能被直接使用，必须通过重新加工处理后才能被运用到作品中，从而更好地表达作品的主题。因此小华将运用 GoldWave 软件合成与加工多种声音信息；运用 ACDSee 软件编辑处理图像信息，使之能更好地运用到影视作品中。

活动分析

一、思考与讨论

1. 为使作品的语音部分更加生动且富有感染力，将一段旋律优美的音乐合成到语音信息中，制作出一段有背景音乐的文字解说语音。请想想用什么风格的音乐才能够更好地与解说语音融合？

2. 影视短片中要求，所用的图像大小为 640 像素×480 像素，文件格式为 JPEG。而原始素材图像不符合要求，为此将运用图像处理软件重新编辑，将图像加工成需要的大小与格式。请思考如果图像文件的分辨率再大点或再小点会对影片造成什么结果？除了 JPEG 格式外，还能用什么位图格式来制作影片？

3. 实际生活中，经常会发现，有些图像的色彩暗淡无光，而有些图像的颜色层次丰富，鲜艳光彩。请讨论造成图像色彩优劣的可能原因。

4. 图像的清晰和图像的柔和是一对经常发生的矛盾，因为过渡柔和就会使图像模糊。请观察身边的各种图像或照片，并指出清晰与柔和的程度是否符合审美要求？

5. 图像的艺术效果能使图像更加具有特色并吸引观众。请观察各种具有艺术效果的图像并指出属于哪些图像艺术效果。

二、总体思路

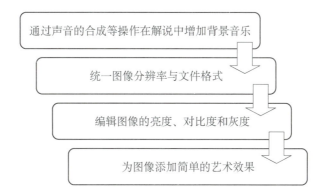

方法与步骤

一、在解说词中加入背景音乐

1. GoldWave 是一款功能强大的常用音频编辑软件,软件启动后将同时开启两个窗口,如图 4-2-1 所示,左边是主界面窗口,右边是控制器窗口。

图 4-2-1　GoldWave 的主界面窗口和控制器窗口

2. 打开素材中"旁白.wma"声音文件。执行"效果/音量/自动增益"命令,出现"自动增益"对话框,如图 4-2-2 所示。在"自动增益"对话框中直接按【确定】按钮,然后保存文件。

3. 打开素材中"春耕时节.wma"声音文件。单击工具栏上的"复制"命令,如图 4-2-3 所示。然后关闭该文件。

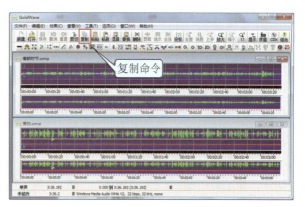

图 4-2-3　工具栏上的"复制"命令

4. 单击工具栏上的"混音"命令,如图 4-2-4 所示。

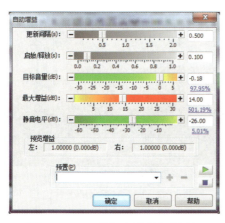

图 4-2-2　"自动增益"对话框

图 4-2-4　工具栏上的"混音"命令按钮

5. 在弹出的"混音"对话框后按[F4]键试听，然后调节音量大小，调整人声与背景音乐音量的大小，满意后单击【确定】按钮，如图4-2-5所示。

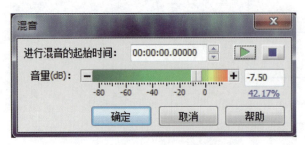

图4-2-5　"混音"对话框

6. 执行"文件/另存为"命令，出现"另存为"对话框，以"旁白.mp3"为文件名保存声音文件，如图4-2-6所示。注意正确选择文件类型。

图4-2-6　"另存为"对话框

二、初识ACDSee软件界面

1. ACDSee是目前比较流行的一款图像管理软件，由于其安装简单、功能强大而广受欢迎。图4-2-7所示是ACDSee 5.0.1版本的安装向导首页面，只需按照向导提示即可完成安装。

2. 第一次打开ACDSee软件时，进入"相片管理器"的浏览窗口，如图4-2-8所示。窗口分左右两大区域，左边是文件夹和预览区域，右边是视图区域。

图4-2-7　ACDSee的安装向导首页面

图4-2-8　ACDSee浏览窗口

3. 双击文件区域中的某个图片，进入"相片管理器"的察看窗口，如图4-2-9所示。在察看窗口中，可使用"上一个""下一个"或"自动播放"按钮对单个图像进行全屏幕观察。单击"浏览"按钮可返回浏览窗口，单击"编辑"按钮可进入编辑窗口。

图4-2-9　ACDSee察看窗口

4. 在编辑窗口中，可以用"编辑面板"对所选图片进行一系列诸如"曝光""色彩""清晰度"等简单编辑，如图4－2－10所示。

图4－2－10　ACDSee编辑窗口

三、使用ACDSee软件改变图像的格式

1. 在ACDSee浏览窗口中选中素材"拜年.jpg"文件。单击"工具"菜单中"转换文件格式"命令，或按[Ctrl]＋[F]键，打开"批量转换文件格式"对话框的"选择格式"界面，如图4－2－11所示。选择"JPG"图像格式，按【下一步】按钮。

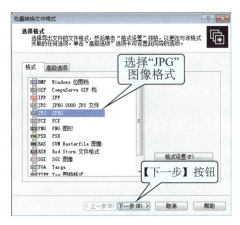

图4－2－11　"批量转换文件格式"对话框

2. 在"设置输出选项"对话框中选中"删除原始文件"复选框，继续按【下一步】按钮，如图4－2－12所示。

3. 在"设置多页选项"对话框中单击"开始转换"按钮，执行文件格式转换，如图4－2－13所示。最后按【完成】按钮关闭对话框。

4. 然后用上述相同的方法将其他3个

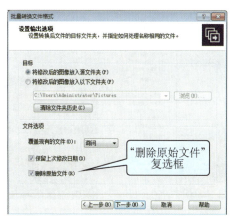

图4－2－12　"批量转换文件格式"对话框第二步

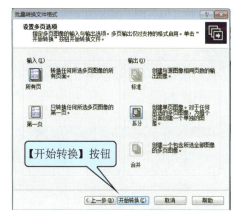

图4－2－13　"批量转换文件格式"对话框第三步

图像文件"年画.gif""扫尘.gif"和"食俗.tif"的格式也转换成"JPG"图像格式。至此已经将8个图像文件统一成同一种文件格式。

提醒　当大量文件需要转换为统一格式的时候，不必逐个运用以上步骤操作，而应该使用"批量转换文件格式"命令。具体方法是，首先选中所有需要转换格式的文件，然后批量转换格式。

四、使用ACDSee软件改变图像的大小

1. 在ACDSee浏览窗口中选中所有图像文件。单击"工具"菜单中"调整图像大小"命令，或按[Ctrl]＋[R]键，如图4－2－14所示。

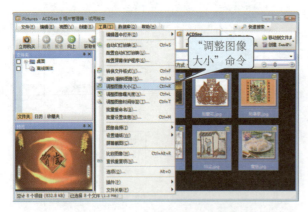

图 4-2-14 "调整图像大小"命令

2. 在弹出的"批量调整图像大小"对话框中选择"以像素为单位的大小"单选项,调整像素宽度大小为 640 像素,高度为 480 像素。注意同时取消"保持原始的纵横比"复选框。然后单击【选项】按钮,如图 4-2-15 所示。

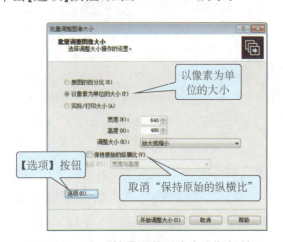

图 4-2-15 "批量调整图像大小"对话框

3. 在"选项"对话框中选择"删除/替换原始文件"单选项,如图 4-2-16 所示。按【确定】按钮关闭"选项"对话框。

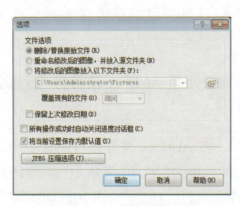

图 4-2-16 "选项"对话框

4. 返回"批量调整图像大小"对话框后,单击【开始调整大小】按钮,执行文件大小调整命令,结束后按【完成】按钮关闭对话框。

5. 至此已经将 8 个图像文件的大小统一为 640 像素×480 像素。从"查看"下拉菜单中选中"详细信息",就能在"图像属性"中观察到图像大小信息,如图 4-2-17 所示。

图 4-2-17 图像的详细信息

提醒 在 ACDSee 浏览窗口中,除了可以批量改变图像文件格式和调整大小以外,还能批量地对文件进行如"曝光度""时间标签""重命名"等一些操作,大大地方便了用户对图像文件更有效的管理。

五、用 ACDSee 软件调整图像颜色

1. 在 ACDSee 编辑窗口中打开素材"食俗.jpg"文件。执行主菜单中的"曝光"命令,如图 4-2-18 所示。

图 4-2-18 主菜单中的"曝光"命令

2. 在"编辑面板"中选"自动曝光"选项卡，设置适当的曝光强度，如30，满意后按【完成】按钮，如图4-2-19所示。选择"已完成编辑"命令后就可以保存调整后的文件。

图 4-2-19　"自动曝光"选项卡

3. 在ACDSee编辑窗口中打开素材"年画.jpg"文件。执行主菜单中的"色彩"命令。在"编辑面板"中选"自动颜色"选项卡，设置适当的色阶，如400。选择"当前"选项卡，比较调整前后的图像显示效果。满意后按【完成】按钮，如图4-2-20所示。确定保存文件。

图 4-2-20　"自动颜色"选项卡

4. 在ACDSee编辑窗口中打开素材"贴春联.jpg"文件。执行主菜单中的"清晰度"命令。在"编辑面板"中选"清晰度"选项卡，设置适当的锐化值，如100。单击"显示预览栏"按钮，比较调整前后的图像显示效果。

满意后按【完成】按钮，如图4-2-21所示。确定保存文件。

图 4-2-21　"清晰度"选项卡

六、用ACDSee软件编辑图像效果

1. 在ACDSee编辑窗口中打开素材"爆竹.jpg"文件。执行主菜单中的"效果"命令。在"编辑面板"中选"波纹"效果，设置水平位置和垂直位置均为0，振幅为10，波长为100，光线强度为60。取消水平和垂直的波纹方向复选框。满意后按【完成】按钮，如图4-2-22所示。确定保存文件。

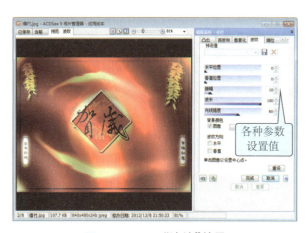

图 4-2-22　"波纹"效果

2. 在ACDSee编辑窗口中打开素材"守岁.jpg"文件。执行主菜单中的"效果"命令。在"编辑面板"中选"油画"效果，设置画笔宽度为1，变化为20，鲜艳为2。满意后按【完成】按钮，如图4-2-23所示。确定保存文件。

图4-2-23 "油画"效果

发长度为50,毛发颜色为红色,其他参数不变。满意后按【完成】按钮,如图4-2-24所示。确定保存文件。

图4-2-24 "毛发边缘"效果

3. 在ACDSee编辑窗口中打开"贴窗花.jpg"文件,执行主菜单中的"效果"命令。在"编辑面板"中选"毛发边缘"效果,设置毛

 知识链接

一、常用图形图像文件格式

数字图像有两种,一种是点阵图(也叫位图),另一种是矢量图。

1. 常用的矢量图形文件

(1) WMF(Windows Metafile Format)格式:是Microsoft Windows中常见的一种Windows 16位图元文件格式,整个图形常由各个独立的组成部分拼接而成,通常在Microsoft Office中可调用、编辑,如图4-2-25所示。

图4-2-25 WMF格式图形

图4-2-26 SWF格式图形

(2) EMF(Enhanced MetaFile)格式:是由Microsoft公司开发的Windows 32位扩展图元文件格式,弥补了wmf文件格式的不足,使得图元文件更易于使用。

(3) SWF(Shockwave Format)格式:Flash动画文件,这种格式的动画图像能够用比较小的体积来表现丰富的多媒体形式,已被大量应用于Web网页进行多媒体演示与交互性设计。

矢量类图像文件是以数学方法描述的,由几何元素组成的图形图像,其特点是文件量小,并且任意缩放而不会改变图像质量,适合描述图形,如图 4-2-27 所示。

2. 常用的点阵图像文件

(1) PSD 格式:是 PhotoShop 软件专用的图像文件格式,是唯一支持所有图像模式、图层效果、各种通道、调节图层以及路径等图像信息的文件格式。

放大后　　放大前
图 4-2-27　矢量图放大前后比较

(2) BMP 格式:BMP(Bitmap-File)图像文件是 Windows 采用的图像文件格式,在 Windows 环境下运行的所有图像处理软件都支持 BMP 图像文件格式。因为该格式的文件没有被压缩处理过,所以保留着所有的图像信息。

(3) JPEG 格式:图像容量小,表现颜色丰富、内容细腻,通常用在描绘真实场景的地方,如多媒体软件或网页中的照片等。

(4) GIF 格式:特点是图像容量极小,并且支持帧动画和透明区域,是在网络中应用广泛的图像文件格式。

(5) TIFF 格式:以不影响图像品质的方式进行图像压缩,特别适用于传统印刷和打印输出的场合。

点阵类图像文件是以点阵形式描述图形图像,其特点是能真实细腻地反映图片的层次、色彩,缺点是文件体积较大,适合描述照片。同一张照片用不同的文件格式保存时,文件大小相差较大,这是因为文件经过压缩的原故。3 种不同文件格式的比较如图 4-2-28 所示。其中 BMP 无压缩的图像文件最大,而 GIF 文件压缩量较大,文件最小,只有 78 kB。由于点阵图像是由许多个颜色点组成,所以将其放大到一定比例会影响图像的显示质量,如图 4-2-29 所示。

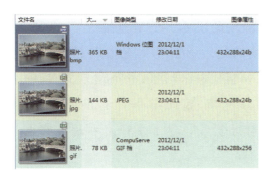
图 4-2-28　3 种不同文件格式之间的比较

放大后　　放大前
图 4-2-29　点阵图放大前后比较

二、利用多种软件编辑图形图像文件的方法

目前编辑图形图像文件的软件有很多,除了本文介绍的 ACDSee 外,比较常用的计算机编辑图形图像文件的软件有"画图"和 PhotoShop 等软件。

1. "画图"软件:"画图"是 Windows 中的内置的一个图像处理软件,可用于在空白绘图区域或在现有图片上创建绘图。在"画图"软件中有很多工具,完成绘制线条形状,添加文本,处理颜色等常用功能。

2. Adobe PhotoShop:是 Adobe 公司开发的专业图像处理软件,它的功能完善,性能稳定,使用方便,所以是几乎所有的广告、出版、软件公司首选的平面设计工具。

自主实践活动

中国上海国际艺术节

1. 背景与任务

中国上海国际艺术节筹备组为完成微电影宣传片的制作,准备对征集到的原始多媒体素材进行加工处理,使得素材更符合影片制作要求。请根据活动一所设计的作品主题及内容,参照本活动方法修改与编辑多媒体原始素材,使得它们能够更好地展现主题,为充分表现主题内容服务。

2. 设计与制作要求

(1) 为录制好的解说词添加背景音乐。
(2) 将所有图像文件的格式设置为JPEG,大小设置为640像素×480像素。
(3) 对各种图像文件的颜色、曝光度等效果进行调整。
(4) 为图像制作适当的艺术效果,如清晰、浮雕和纹理等艺术效果。

活动三 春节习俗微视频的制作与保存

活动要求

微视频大赛举办网站公布了大赛初赛获奖名单及优秀作品展示,小华不但榜上有名,而且取得优异的赛绩。小华立即着手准备参加第三阶段的决赛。小华非常清楚:多媒体信息的形式是丰富多彩的,有图片、音乐、动画、视频等,要将这些多种形式的素材信息整合在一起,成为一部能表达主题思想的作品,有许多的方法,如制作一张板报、一个演示文稿、一首乐曲、一部动画作品等。但是这次比赛要求制作一部微视频,因此小华将利用Windows Movie Maker软件,把前面收集和编辑好的各种多媒体素材合成一部4分钟左右的数字电影短片,最终完成中华春节习俗宣传微视频的全部制作工作。

活动分析

一、思考与讨论

1. 我们可以用Word软件制作板报,用PowerPoint软件制作多媒体演示文稿,同样可以用Windows Movie Maker软件制作视频。讨论:Word软件和PowerPoint软件在导入声音、图像和视频等多媒体素材后,制作出来的作品各有什么特点?

2. 好的视频影片应该有精彩的片头与片尾,同时片头与片尾还包含了影片的主题文字和影片的背景信息,如作品标题、制作时间、参与制作的人员等。请完成下列有关本影片信息填写:

影片标题:_____ 影片策划:_____

影片制作:_____ 制作日期:_____

3. 打开 Windows Movie Maker 软件，观察编辑界面，并找出时间线与情节提要之间切换方法，讨论这两种界面各自的特点。

4. 在观看电影或电视的影视作品时，经常会看到许多绚丽的视觉效果与过渡。讨论：我们看到过哪些影片视觉效果与过渡？

5. 影片在不同的播放环境中所使用的文件格式是不一样的，所以影片的最后一个步骤就是确定影片的共享方式与保存的文件格式。讨论：以前观看过的影片都有哪些文件格式？

常见的多媒体视频文件格式有：_____。

常见的流媒体视频文件格式有：_____。

二、总体思路

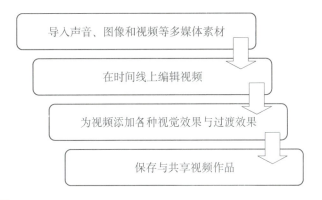

方法与步骤

一、初识软件操作界面，导入多媒体素材

1. 在"开始"菜单中找到并打开 Windows Movie Maker 软件，如图 4-3-1 所示。

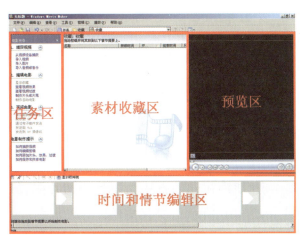

图 4-3-1　Windows Movie Maker 软件界面

2. 在"任务区"中使用导入命令，导入素材中的图像、音频和视频素材，如图 4-3-2 所示。

图 4-3-2　导入后的素材列表

3. 以"春节"为文件名保存项目文件"春节.MSWMM"，如图 4-3-3 所示。

图 4-3-3　保存文件

4. 执行"工具/选项"命令,单击对话框中"高级"选项卡,对各选项进行适当设置,如图4-3-4所示。

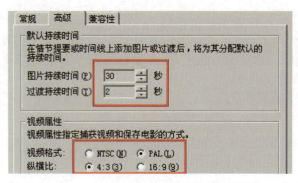

图4-3-4 "高级"选项对话框

5. 将视频文件"春节.avi"拖入情节编辑区的第一个情节框中,然后按解说词中的解说顺序将图像文件依次放入到以后的各情节框中,如图4-3-5所示。

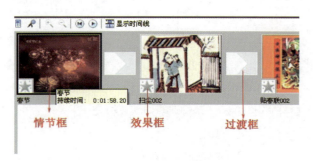

图4-3-5 情节编辑区

二、为影片添加片头和片尾

1. 在"任务区"中"编辑电影"菜单里使用"制作片头或片尾"命令,出现下一组选项,选择第一项"在电影开头添加片头",如图4-3-6所示。

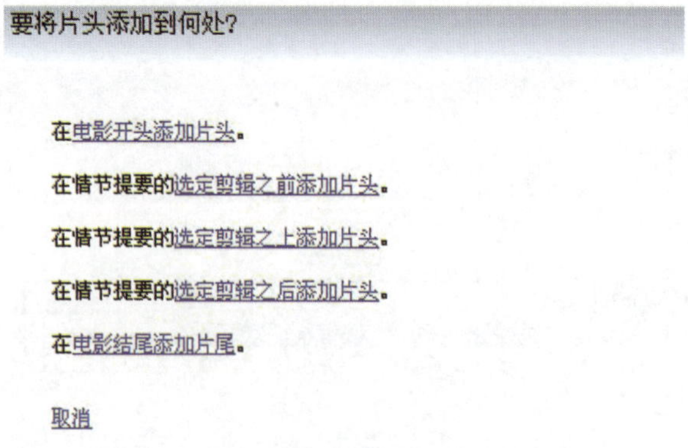

图4-3-6 制作片头或片尾选项

2. 在文本框中输入"中国传统节日"和"春节"两行文字,单击"更改文本字体和颜色"命令,如图4-3-7所示。

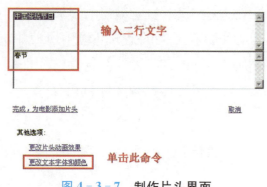

图4-3-7 制作片头界面

3. 更改背景和字体颜色为红色与黄色,选择适当字体与字号,单击"更改片头动画效果"命令,如图4-3-8所示。

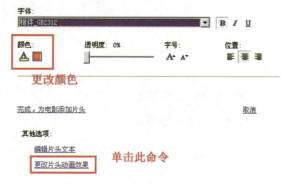

图4-3-8 更改片头动画效果

4. 选择一种满意的片头两行动画效果,单击"完成为电影添加片头"命令,如图4-3-9所示。

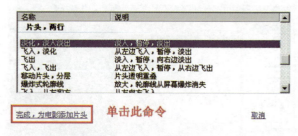

图4-3-9 完成为电影添加片头命令

5. 使用相同的方法为影片添加片尾,如图4-3-10所示。保存文件。

三、在时间线上编辑影片

1. 单击"显示时间线"按钮,适当放大时

图 4-3-10　片尾内容

间线,单击选中片头文字,并在其尾部用鼠标拖至 6 秒位置,如图 4-3-11 所示。

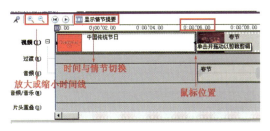

图 4-3-11　时间线中的操作

2. 选中"春节"的音频,执行"剪辑/音频/静音"命令,除去视频中的声音部分,然后将素材"央视历届春联会背景音乐——春节序曲"文件加入到音频线的开始处,如图 4-3-12 所示。

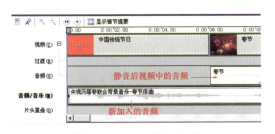

图 4-3-12　添加音频

3. 选中新加入的音频,定位时间线于 20 秒的位置,执行"剪辑/拆分"命令,如图 4-3-13。按[Delete]键删除被拆分的后半部分音频。对前半部分执行"剪辑/音频/淡

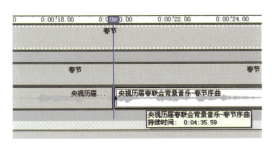

图 4-3-13　拆分音频

出"命令。

4. 将素材中"旁白"文件加到其后,并拖动至与其部分重叠,如图 4-3-14 所示。

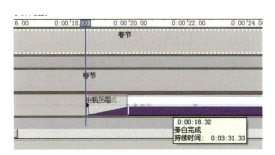

图 4-3-14　添加"旁白"音频

5. 使用以上"拆分"的方法删除 50 秒以后的"春节"视频,如图 4-3-15 所示。保存文件。

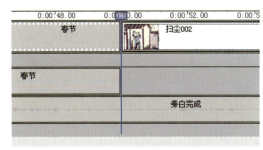

图 4-3-15　删除部分视频

四、加入效果与过渡,并调整图像的播放时间使声音与图像同步

1. 切换到"情节提要"编辑状态,适当加入视频效果与视频过渡,如图 4-3-16 所示。视频效果不需要全部都加,而视频过渡需加全。

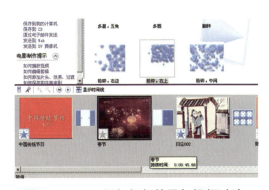

图 4-3-16　添加视频效果与视频过渡

2. 切换回到时间线编辑状态,播放影片。当旁白解说到某一习俗时,暂停播放,

并将图像的尾部拖动到该时间位置点上,以使图像与声音同步,如图4-3-17所示。

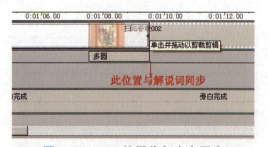

图4-3-17 使图像与声音同步

3. 参照图4-3-6,选择第三项"在时间线中的选定剪辑之上添加片头"。输入文字"1、扫尘",如图4-3-18所示。用同样方法为其他7张图像加上相应的片头重叠文字。

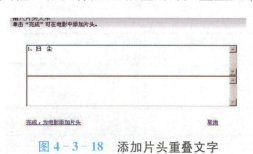

图4-3-18 添加片头重叠文字

4. 在任务区执行"保存到我的计算机"命令,在"保存电影向导"对话框中输入电影文件名和保存位置,如图4-3-19所示。

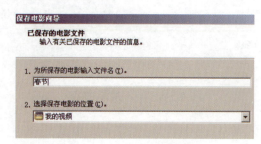

图4-3-19 保存电影

5. 在下一步的电影设置中选择第一项,如图4-3-20所示。按【下一步】自动生成电影文件。

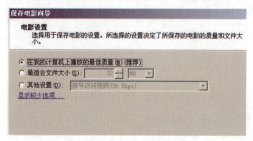

图4-3-20 电影设置

一、常用数字视频文件格式

数字视频文件格式的种类有很多,可分成两大类:多媒体的视频编码格式,如 AVI、MOV、MPEG 等格式;流媒体的视频编码格式,如 RM、WMV、3GP、FLV 等格式,其主要特点是,只要下载部分文件就可播放,特别适合在线观看影视。

1. 常用的多媒体视频编码格式文件

（1）AVI（Audio Video Interleaved）格式:1992 年由 Microsoft 公司推出,其优点是图像质量好,可以跨多个平台使用,但压缩标准不统一,需下载相应的解码器播放。

（2）MOV 格式:是从 Apple 移植过来的视频文件格式,具有跨平台、存储空间小的特点,画面效果较 AVI 格式要稍微好一些。

（3）DAT 格式:MPEG-1 技术应用在 VCD 制作上的视频文件,其优点是压缩率高,图像质量较好,一张 VCD 盘上可存放大约 60 分钟时长的影像。

（4）VOB 格式:是 MPEG-2 技术应用在 DVD 制作上的视频文件,其图像清晰度极高,60 分钟长的电影大约有 4 GB 大小。

2. 常用的流媒体视频编码格式文件

（1）RM 格式:Real 公司首创的流媒体视频文件,避免了等待整个文件全部下载完毕才能观看的缺点,因而特别适合在线观看影视,同时具有体积小而又比较清晰的特点。

（2）WMV:微软推出的一种流媒体格式,在同等视频质量下,体积非常小,因此很适合在网上播放和传输。利用 Windows Movie Maker 软件就可以制作这种视频文件。

（3）FLV:是 Flash Video 的简称,是一种新的视频格式,文件极小、加载速度极快,目前许多在线视频网站均采用此视频格式。FLV 已经成为当前视频文件的主流格式。

（4）3GP:由 QuikTime 公司发布,主要是为配合 3G 网络的高传输速度而开发的,也是目前手机最为常见的一种视频格式。

二、利用 Windows Movie Maker 软件保存不同视频格式

根据视频文件用途的不同,可以利用 Windows Movie Maker 软件保存不同的视频格式(参见图 4-3-20)。当选择"其他设备"时,会出现如图 4-3-21 所示的众多选项。

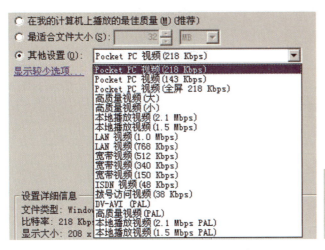

图 4-3-21　各种视频格式列表

图 4-3-22　视频文件的详细信息

1. Pocket PC 视频（全屏 218 kbps）

这是一种用于掌上电脑的视频文件,其信息传输速率是 218 kbps（二进制位/每秒）,图像大小是 320×240 像素,每秒播放 15 帧的画面,文件大小大约 6.44 MB,如图 4-3-22 所示。

2. 本地播放视频（2.1 Mbps）

用于存放到硬盘中播放的视频文件,其图像大小是 640×480 像素,每秒播放 25 帧的画面,文件大小大约 59.34 MB。

3. 宽带视频（512 kbps）

适用于 512 kbps 宽带用户观看的视频文件,图像大小是 320×240 像素,每秒播放 25 帧的画面,文件大小大约 14.95 MB。

中国上海国际艺术节

1. 背景与任务

中国上海国际艺术节筹备组准备制作一部微电影放在艺术节宣传网站上,但是要求用流媒体视频格式,影片长度在 5 分钟以内。请根据前两个活动所设计的作品主题及内容,制作

一部"中国上海国际艺术节"宣传微电影。

2. 设计与制作要求

参照本活动方法合成并保存多媒体素材，要求：

(1) 将各种素材制作成一个名为"上海国际艺术节.wmv"的视频文件，长度在5分钟之内。

(2) 影片要用声音、图像、文字等多种形式表达主题。

(3) 影片中的解说词要与相关图像同步。

 归纳与小结

随着信息科技的不断发展，计算机处理、存储及传输信息的能力突飞猛进，使计算机处理多媒体信息变得越来越容易。微视频产品已经深入到了包括宣传、娱乐、教育、商业广告等各种领域。一般的微视频产品都包含文字、图形图像、动画、声音、视频等多种多媒体元素，简单的制作过程应该如下图所示：

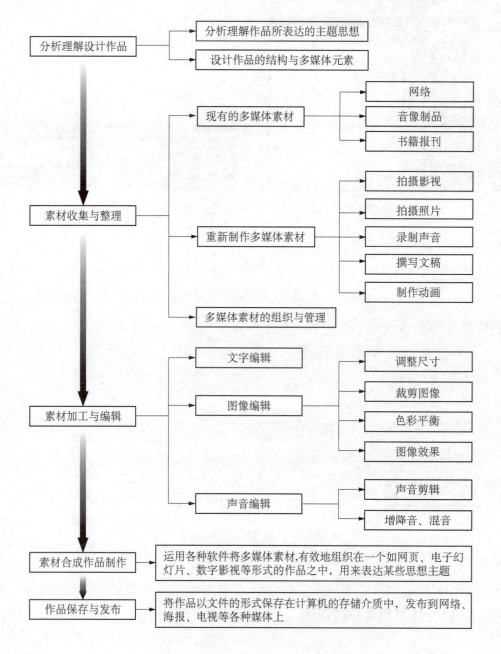

综合活动与评估

飞向太空的航程
——制作中国航天事业宣传微视频

活动要求

我国的航天事业历程艰难,发展飞速,成就辉煌!请你通过各种渠道了解我国航天事业的发展历史及当前现状,进而从某个角度设计并制作一部能够反映与宣传我国航天事业的微视频,以激发我们的民族自信心和民族自豪感。

活动分析

1. 小组合作讨论,确立微视频的主题。主题内容应该宣传我国航天事业的艰难历程,或是所取得的辉煌成就,也可以反映我国航天飞船的技术性能等。无需面面俱到,只要从我国航天事业的一个侧面确立主题内容即可。

2. 收集原始素材信息。检索并收集视频中所要用到的文字、图像、声音、视频、动画等原始素材。各种原始素材应该紧紧围绕视频的主题内容,不得脱离主题,信手拈来。

3. 设计微视频内容。细心整理所各种原始素材,大胆舍取。精心设计影片的播放流程及画面布局,着重关注片头片尾中文字内容、背景解说与背景音乐、图像与视频的过渡效果等因素。努力培养对多媒体作品素材整理及设计布局的能力。

4. 编辑与处理素材文件。运用各种编辑软件编辑加工处理声音、图像、文字、动画和视频,使它们更加适合主题内容,更加美观而具有感染力,进而让作品起到良好的宣传效果。努力培养运用各种计算机软件处理多媒体信息的能力。

5. 信息合成与作品制作。运用多媒体制作软件将所有的文字、声音、图像及视频信息合成一个作品,创作出一部主题突出、结构新颖、视觉效果良好的微视频作品。

方法与步骤

一、小组讨论,确定主题

1. 确定小组成员:根据讨论的结果,各小组结合组内同学的兴趣与特长,确定小组各成员应完成哪方面的工作。

姓名	特长	分工

续表

姓名	特长	分工

2. 确定小组的研究主题:要制作这样一个影片需要得到哪些相关素材?

_____、_____、_____、_____、_____、_____

作品的主题是：
_____

二、获取相关素材

小组合作,使用各种设置如数码相机、扫描仪等,也可以从不同的网站获取与主题相关的数据,通过整理,筛选等方法完成此要求。

1. 通过各种设备获取的图像素材有：
_____
2. 通过各种设备获取的声音素材有：
_____
3. 通过各种设备获取的视频素材有：
_____
4. 通过不同网站获取的图像素材有：
_____
5. 通过不同网站获取的声音素材有：
_____
6. 通过不同网站获取的视频素材有：
_____

三、影片设计

1. 影片的时间长度约为_____分钟。
2. 影片的片头内容是_____
____,展现方式为_____
3. 影片的片尾内容是_____
____,展现方式为_____
4. 影片中运用的背景音乐是_____
5. 影片中所用的视频是_____
6. 影片中所用的图像有_____
7. 所用到的过渡效果有_____

四、素材文件的处理

利用所学的各种多媒体信息处理软件对原始的文件素材进行适当的处理加工。

1. 运用了哪几种信息处理软件：
_____
2. 具体进行了哪些处理方法：
_____
_____

五、综合各种素材,利用适当的软件制作一部影片

1. 在制作过程中遇到哪些问题？最终是如何解决的？
_____
2. 影片将如何展示？影片的文件格式是什么？为什么要用这种文件格式？
_____

 评估

一、综合活动的评估

根据综合实践活动,完成下面的综合活动评估表,先在小组范围内学生自我评估,再由教师对学生评估。

综合活动评估表

学生姓名：_____　　　　　　　　　　　　　　　　　　　　　　　　日期：_____

学习目标		自评		教师评	
		基本掌握	熟练掌握	继续学习	已经掌握
1. 网上获取和筛选信息的能力	使用搜索引擎查找信息	使用搜索引擎找到所需信息	正确使用关键词找到贴近主题的信息		
	根据网址浏览和获取信息	浏览网站获取所需信息	通过网页浏览,正确获取文字、图片、声音、视频等相关信息		

续表

学习目标		自评		教师评	
		基本掌握	熟练掌握	继续学习	已经掌握
2. 通过数码相机获取图像素材的能力		用数码相机获得照片	所拍摄的照片符合主题要求,有一定的艺术审美效果		
3. 通过扫描仪获取图像素材的能力		用扫描仪获取图片	图片文件格式与分辨率符合作品要求		
4. 通过电脑设备获取声音信息的能力		用录音机软件获取声音信息	正确安装录音设备,获得声音文件格式符合要求		
5. 恰当选择图像处理工具的能力		会选择一款图像处理工具软件	会用两款或以上的图像处理工具软件,并能按照实际需要正确选择		
6. 图像的处理	图像的裁剪	能用裁剪功能自由裁剪图像	能用裁剪功能精确裁剪图像		
	图像大小设置	能重新设置图像的大小	能按要求批量设置图像文件大小和格式		
	亮度、对比度和灰度调整	能调整图像的亮度、对比度和灰度	能按要求调整图像的亮度、对比度和灰度,并为作品主题服务		
	图像的修饰(艺术效果)	能运用两3种修饰方式修改图像	能运用曝光、色彩、清晰度、消除红眼、艺术效果等方法有针对性地修改图像		
7. 综合声音处理软件的使用		能使用"录音机"软件获取声音信息	能使用声音编辑软件处理声音信息		
8. 声音信息的处理	声音的插入与剪辑	能使用声音编辑软件编辑一段声音	能使用声音编辑软件编辑一段声音或插入新的声音		
	声音的混合效果	能使用声音编辑软件混合两种声音	能使用声音编辑软件精确、无痕混合多种声音		
	音量的增降操作	能进行音量的增降操作	能对部分段落或声道的音量实现增降操作		
	去除杂音操作	能去除声音中的杂音	能去除杂音和分离声音(如人声分离等)		
9. 综合视频处理软件的使用		能使用一种视频处理软件	根据实际需要,选择恰当的选择视频处理软件		
10. 视频信息的处理	各种媒体信息的导入	能导入文字、图像、声音、视频等多种媒体信息	能导入多种媒体信息并进行管理与简单编辑		
	片头片尾制作	能制作片头和片尾	制作片头片尾及解说文字并符合主题,有特色		
	运用时间线编辑视频	能在时间线上添加、拆分和删除各种素材	能在时间线上精确添加、拆分和删除各种素材并制作淡入淡出效果		
	影片效果与过渡制作	能在"情节提要"中添加过渡效果	能在"情节提要"中添加有特色的过渡效果并使声音与图像同步		
	影片的输出与共享	能按要求正确保存视频文件	能根据实际情况选择正确的文件格式保存视频文件		

二、整个项目的评估

复习整个项目的学习内容,完成下面的学习评估表。

整个项目学生学习评估表

学生姓名:_____
在整个项目的所有活动中喜爱的活动:_____

1. 在你完成的各个作品(声音、视、文字、图像)中,最喜欢的一件作品是什么?为什么?
   _____
   _____
   _____

2. 本项目包括以下哪些技术领域,请选择:
   □ 电子表格   □ 文字处理   □ 图像处理
   □ 因特网   □ 程序设计   □ 数据库
   □ 多媒体演示文稿 □ 网页制作 □ 文件下载

3. 本项目中哪项技能最有挑战性?为什么?
   _____
   _____
   _____

4. 本项目中哪项技能最有趣?为什么?
   _____
   _____
   _____

5. 本项目中哪项技能最有用?为什么?
   _____
   _____
   _____

6. 比较图像处理软件、文字处理软件,它们各使用哪几方面的信息处理?
   _____
   _____
   _____

7. 请举例说明在什么情况下使用文字处理软件,在什么情况下使用图像管理和图像处理软件。
   _____
   _____
   _____
   _____

8. 请举例说明在什么情况下需要综合使用不同信息处理软件来解决问题。
   _____
   _____
   _____
   _____

项目五

演示文稿
——节能减排宣传演示文稿制作

情景描述

地球在呻吟,原本绿色的土地被黄沙吞没,原本清澈的河流被污水染黑,原本蔚蓝的天空不再蓝,原本清新的空气不再清……是什么原因使我们地球得了重病?是生态的破坏和环境污染。看看我们现在的地球,正是由于人们疯狂地摄取资源,森林被砍伐了,湿地被围垦了,加上空气和水源受到污染,生态环境遭到空前的破坏……

节能减排从我做起。本项目将通过几个活动,以演示文稿的形式宣传环保意识。能以恰当的方式组织各种信息,制作符合要求的多媒体演示文稿,提高多媒体信息综合处理的相关能力。

活动一 "地球在呻吟"宣传演示文稿样例

 活动要求

地球在呻吟:飓风、洪涝、旱灾,种种极端气候反应就是证明;大自然在呻吟:地球上的物种正在以惊人的速度消失。要彻底医治好地球的伤痛,必须要每一个地球公民参与和行动,这是责任,更是义务。因此人人参与,节能减排,势在必行。

小丁同学是社区节能减排的宣传员,他需要快速制作一份简单的多媒体演示文稿,宣传为什么要节能减排。

 活动分析

一、思考与讨论

1. 根据提供的素材及宣传主题,演示文稿可以设计为几张幻灯片?每张幻灯片的标题是什么?每张幻灯片的内容是什么?
2. 配合宣传内容,选择哪个设计主题更为适合、贴切?
3. 为了丰富每张幻灯片,配合文字内容,还可以在演示文稿中添加哪种素材?
4. 要突显"水资源的匮乏"的具体数据,是采用文字形式还是表格形式?

5. 制作完成的演示文稿是用于对社区居民节能减排的宣传，那么对于制作好的演示文稿还需要做些什么操作？

二、总体思路

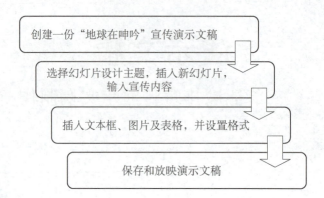

方法与步骤

一、准备工作

仔细阅读所给素材，了解节能减排的原因，找出重点内容，为制作演示文稿做好准备。

二、新建 PPT 文档

运行 Microsoft PowerPoint，新建空白演示文稿。

三、应用幻灯片设计主题

在"设计"选项卡中，单击【更多】按钮，弹出下拉窗口，选择自己喜爱的风格的主题，如图 5-1-1 所示。

图 5-1-1　"应用设计主题"下拉窗口

四、插入幻灯片

在"开始"选项卡中，单击"新建幻灯片"按钮，在演示文稿中插入新的幻灯片，共 6 张幻灯片，如图 5-1-2 所示。

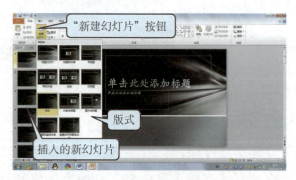

图 5-1-2　插入新幻灯片

五、输入文字内容

在第一张幻灯片的标题栏中，输入"地球在呻吟"，在副标题栏中，输入"节能减排势在必行"。

在 2~6 张幻灯片中，分别输入"大气污染""森林破坏严重""水资源匮乏""全球气候变暖""从我做起，节能减排"等相关内容，或者在素材中查找相应的内容（"大气污染.doc"），复制并粘贴入 PPT 中，设置相应的文字格式（字体、字号等）。

提醒 如果幻灯片编辑窗口没有出现文本框,可以通过"开始"选项卡上"绘图"组中的"文本框"按钮,在窗口中先拖拉出一个文本框,然后输入内容,如图 5-1-3 所示。

图 5-1-3　插入文本框及第一张幻灯片样例

六、插入图片

在"插入"选项卡中,单击"图片"按钮,选择素材盘中提供的图片(air.jpg),插入图片后,通过拖曳图片,改变图片位置;选中图片,通过拖动图片的控制点,改变图片大小,如图 5-1-4 所示。

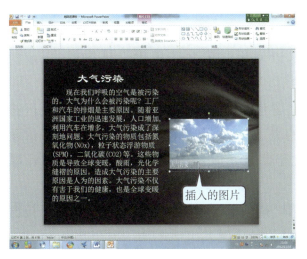

图 5-1-4　第二张幻灯片样例

七、插入及格式化表格

1. 插入表格。在"插入"选项卡中,单击"表格"按钮,弹出"插入表格"的下拉窗口,移动鼠标,选中小窗格,产生一个"2 行 4 列"的表格,在表格中输入从素材中提取的相应内容,如图 5-1-5 所示。

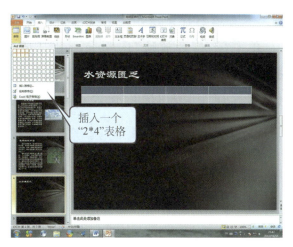

图 5-1-5　插入表格

2. 格式化表格。选中表格后,单击"表格工具"中的"设计"选项卡,可以设置表格格式,如图 5-1-6 所示。

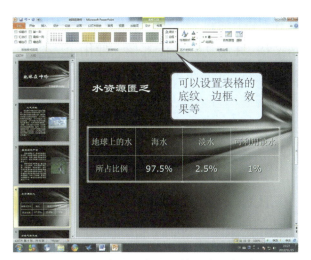

图 5-1-6　格式化表格及第四张幻灯片样例

八、演示文稿的保存及放映

1. 保存文件

在"文件"选项卡中,单击"保存"按钮,弹出"另存为"对话框,输入文件名"地球在呻吟",保存类型为 PowerPoint 演示文稿(*.pptx)。

提醒 运用 PowerPoint 2010 版本制作的演示文稿在低版本的 Office 软件中不能正常使用,如果需要在低于 Office 2010 的版本中使用 PowerPoint2010 制作的演示文稿,在存盘时需要选择保存类型为"PowerPoint 97-2003 演示文稿"。

2. 放映幻灯片

单击"幻灯片放映"选项卡,在"开始放映幻灯片"组中,单击"从头开始"或者"从当前幻灯片开始"按钮进行演示文稿的放映,如图 5-1-7 所示。

提醒

(1)制作宣传文稿要注意风格的统一,建议每张幻灯片使用统一的设计主题或者背景。

图 5-1-7　幻灯片放映按钮

(2)宣传文稿中的文字尽量使用统一的字体、字号及颜色。

 知识链接

一、PowerPoint 2010 版主要功能和特色

PowerPoint 2010 是 Office 2010 中非常有用的应用软件,它的主要功能是制作和演示幻灯片,用于演讲、教学和产品演示等。PowerPoint 2010 提供了比以往更多的方法创建动态演示文稿,并与访问群体共享。使用令人耳目一新的视听功能及用于视频和照片编辑的新增和改进工具,可创作出更加完美的作品。具体的新功能有:可为文稿带来更多的活力和视觉冲击的新增图片效果应用,支持直接嵌入和编辑视频文件,依托新增的 SmartArt 快速创建图表演示文稿,全新的幻灯片动态切换展示等。

二、幻灯片主题的应用

PowerPoint 提供可应用于演示文稿的主题,以便为演示文稿提供设计完整、专业的外观。

设计主题包含演示文稿样式的文件,包括项目符号和字体的类型和大小、占位符大小和位置、背景设计和填充、配色方案以及幻灯片母版和可选的标题母版。

在"设计"选项卡中,单击"更多"按钮,弹出下拉窗口,可多种风格的主题。

三、幻灯片版式的应用

版式指的是幻灯片内容在幻灯片上的排列方式。PowerPoint 提供了文字版式、文字与图片版式、表格版式、图表版式等一系列版式。

在"开始"选项卡中单击"版式"按钮,打开"幻灯片版式"下拉窗口,如图 5-1-8 所示,选择需要的幻灯片版式。

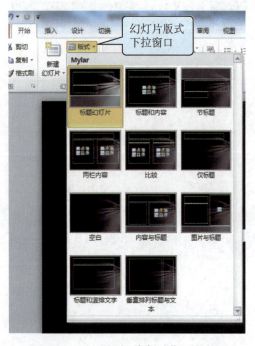

图 5-1-8　"幻灯片版式"下拉窗口

1. 项目背景与任务

上海大众汽车公司将举行成立25周年庆,集团的企划部门负责此次会议的筹备工作,首先要制作公司介绍演示文稿。

有关资料放在"学生活动一/上海大众汽车公司介绍"文件夹下,运用所给素材,制作一个介绍大众公司的多媒体演示文稿。将完成的作品以"上海大众汽车公司介绍.pptx"文件名保存在D盘根目录下。

2. 设计与制作要求

(1) 不少于5张幻灯片,版面布局合理。

(2) 至少有一张图片。

(3) 至少一张幻灯片使用表格表现内容。

打开光盘中"项目五\学生自主实践活动\实践一上海大众汽车"公司介绍"文件夹,根据所给素材,完成任务。

水是生命的重要组成部分,人对水的需要仅次于氧气。地球上水的储量很大,但淡水只占2.5%,其中可供人类使用的水不足1%,可见淡水资源极其有限。世界上许多国家正面临水资源危机。我国是一个干旱缺水严重的国家,因此更要节约用水。

小丁同学是社区节能减排的宣传员,要制作一份图文并茂的多媒体演示文稿进行节约用水的专题宣传,同时在社区中提供打印版资料给居民取阅。

一、思考与讨论

1. 根据提供的素材及宣传主题,思考演示文稿应该设计为几张幻灯片。每张幻灯片的标题是什么?每张幻灯片的内容是什么?

2. 根据个人的喜好和宣传主题,选择演示文稿的背景。可以选择哪种颜色?想制作成何种效果?

3. 在演示文稿中提供了艺术字标题,与普通文字相比,它有什么特点和优点?

4. 在什么情况下,幻灯片中需要使用文本框输入文字?

5. 从素材中寻找出与文字内容有关的图片,在演示文稿中插入图片,丰富演示文稿内容。可以对图片的哪些方面进行修饰?

6. 有没有听说过 SmartArt 图形？知道不知道 SmartArt 图形有什么特点和功能？

7. 如何将演示文稿变成纸质宣传资料，提供给社区居民进行取阅？

二、总体思路

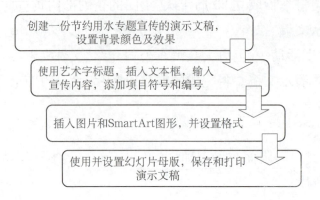

方法与步骤

一、新建 PPT 文档

运行 Microsoft PowerPoint，新建空白演示文稿；在"开始"选项卡中，单击"新建幻灯片"按钮，在演示文稿中插入新的幻灯片，共 6 张幻灯片。

二、设置幻灯片背景

设置第一页的背景，之后插入的其他页的背景将默认与第一页相同。在"设计"选项卡中，单击"背景样式"按钮，在下拉列表中，选择"设置背景格式"，如图 5-2-1 所示。

图 5-2-1　背景样式下列样表

进入"设置背景格式"对话框，在"填充"选项卡中，选择"渐变填充"，在"渐变光圈"区域，设置两个不同位置和颜色的停止点，单击【全部应用】按钮，如图 5-2-2 所示。

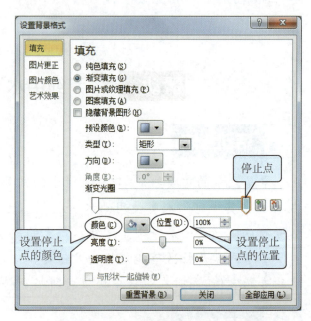

图 5-2-2　设置背景格式对话框

三、插入艺术字标题

1. 插入艺术字标题。在"插入"选项卡中，单击"艺术字"按钮；在弹出的"艺术字库"下拉窗口中，选择合适的艺术字样式，如图 5-2-3 所示。

2. 编辑艺术字。在"请在此放置您的文字"的形状中，输入文字"节约用水"；选中文字。切换到"开始"选项卡，在"字体"组中可以设置艺术字的字体、字号等，如图

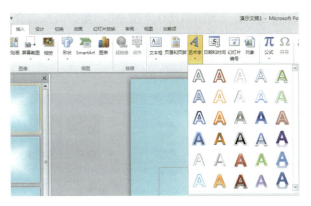

图 5-2-3　艺术字样式

5-2-4 所示。用同样方法设置其他艺术字。

图 5-2-4　编辑艺术字

提醒

选中"艺术字"后，单击"绘图工具"中的"格式"选项卡，在"艺术字样式"组中，可以设置艺术字的填充、轮廓和效果，如图 5-2-5 所示。

图 5-2-5　设置艺术字

四、输入文字内容并设置文字格式

从素材中选取相关内容，粘贴到幻灯片中，在"开始"选项卡上的"字体"和"段落"组中设置文字的字体、字号、颜色及行距等，如图 5-2-6 所示。

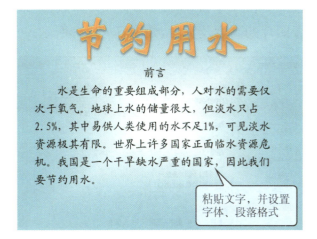

图 5-2-6　第一张幻灯片样例

五、设置项目符号格式

选中文字，在"开始"选项卡的"段落"组中，单击"项目符号"按钮，可以设置项目符号（还可通过"编号"按钮，设置数字编号），如图 5-2-7 所示。

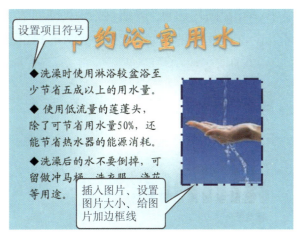

图 5-2-7　第二幻灯片样例

六、插入与编辑图片

1. 插入图片。在"插入"选项卡中单击"图片"按钮，选择素材盘中提供的图片，单击"插入"按钮。

2. 改变图片大小。选中图片，单击"图片工具"中的"格式"选项卡，在"大小"组中，单击"显示"按钮，打开"设置图片格式"对话框中的"大小"选项卡,取消"锁定纵横比""相对于图片的原始尺寸"的选中状态(把√去掉),在尺寸和旋转区域输入具体数值,设置图片的高度及宽度,如图5-2-8所示。

图 5-2-8　设置图片大小窗口

3. 设置图片边框。选中图片,单击"图片工具"中的"格式"选项卡,在"图片样式"组中,单击"图片边框"按钮,弹出下拉列表,可以设置边框线的颜色、虚线、粗细等,如图5-2-9所示。

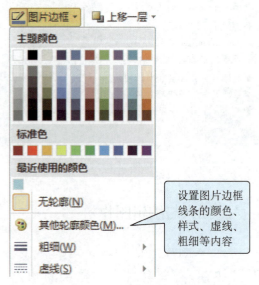

图 5-2-9　设置图片边框列表

七、插入与编辑 SmartArt 图形

1. 插入 SmartArt 图形。在"插入"选项卡中单击"SmartArt"按钮,选择合适的 SmartArt 图形,单击【确定】按钮,如图5-2-10所示。

图 5-2-10　选择 SmartArt 图形

2. 编辑 SmartArt 图形。选中 SmartArt 图片,单击"SmartArt 工具"中的"设计"选项卡,在"SmartArt"组中,选择与背景效果相融合的 SmartArt 样式,如图5-2-11所示。

图 5-2-11　选择 SmartArt 样式

3. 在 SmartArt 图形输入文本。从素材中选取相关内容,粘贴到 SmartArt 图形中,并对文字的字体、字号等进行设置,如图5-2-12所示。

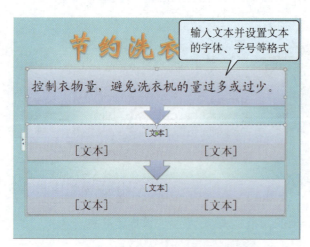

图 5-2-12　在 SmartArt 图形中输入文本

八、设置幻灯片母版

1. 切换到"视图"选项卡,在"母版视图"

组中单击"幻灯片母版"按钮,如图5-2-13所示,进入"幻灯片母版"视图。

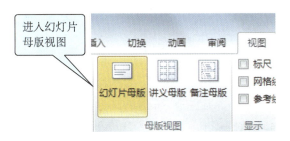

图5-2-13 "幻灯片母版"按钮

2. 在幻灯片母版和版式窗格中,选择幻灯片母版,在母版上插入"文本框",输入文字"家居生活如何节约用水?",并设置文字格式;然后单击"幻灯片母版"选项卡上"关闭"组中的"关闭母版视图"按钮,返回普通视图;可以观察到六张幻灯片中都出现了页脚的内容,如图5-2-14所示。

图5-2-14 幻灯片母版视图

提醒 母版规定了演示文稿(幻灯片、讲义及备注)的文本、背景、日期及页码格式。母版体现了演示文稿的外观,包含了演示文稿中的共有信息。在各张幻灯片中共有的图片、文字信息可以放在母版中。

九、保存多媒体演示文稿文件

单击"文件/另存为…",输入文件名"节约用水",保存类型为演示文稿(*.pptx)。

十、打印多媒体演示文稿

1. 页面设置。在"设计"选项卡的"页面设置"组中,单击"页面设置"按钮,打开"页面设置"对话框,可以对要打印的纸张大小、页面方向等进行设置,如图5-2-15所示。

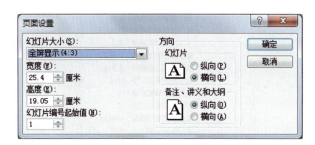

图5-2-15 "页面设置"对话框

2. 打印设置

切换到"文件"选项卡,单击"打印"选项卡,设置打印份数、打印机、打印方式、打印格式,然后单击【打印】按钮,如图5-2-16所示。

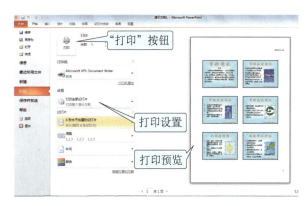

图5-2-16 "打印"选项卡

一、主题颜色

主题颜色包含4种文本和背景颜色、6种强调文字颜色以及两种超链接颜色。演示文稿的主题颜色由应用的设计主题确定。

在"设计"选项卡上的"主题"组中,单击"颜色"按钮,查看及编辑幻灯片的颜色。所选幻灯片的颜色显示"颜色"按钮上,如图5-2-17所示。

可以通过"新建主题颜色"对话框,为幻灯片中的任何元素更改颜色,如图5-2-18所示。更改颜色时,可以从颜色选项的整个范围内选择,修改完主题颜色后,会显示新颜色,它将作为演示文稿文件的一部分,以便以后再应用。

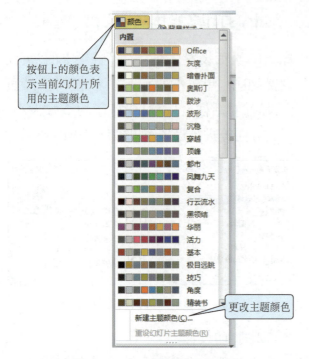

图5-2-17 "颜色"下拉列表

图5-2-18 新建主题颜色对话框

二、幻灯片配色原则

制作一份美观的宣传文稿,要色彩和谐、布局合理。版面中要有主色调;配色时,构图要注意均衡。均衡与否,取决于色彩的轻重、强弱感的正确处理。

同一画面中暖色、纯色面积小,冷色、浊色面积大,易平衡。明度相同,纯度高而强烈的颜色,面积要小,纯度低的浊色、灰色面积大,可以求得平衡。画面上部色亮,下部色暗,易求得安定感。重色在上,轻色在下会产生动感。为了突出某一部分或为了打破单调感,需有重色。

对于初学者来说,一般而言,深色背景配浅色文字,或浅色背景配深色文字;标题醒目;背景中大色块的颜色不超过3种,效果会比较突出。

三、母版

幻灯片母版是幻灯片层次结构中的顶层幻灯片,用于存储有关演示文稿的主题和幻灯片版式,包括背景、颜色、字体、效果、占位符大小和位置。修改和使用幻灯片母版的主要优点是,可以对演示文稿中的每张幻灯片进行统一的样式更改。

1. 背景与任务

上海大众汽车公司的人事部门将制作一份"上海大众人力资源管理"的宣传文稿。

有关资料放在"学生活动二上海大众公司人力资源管理系统"文件夹下。运用所给素材，制作多媒体演示文稿。将完成的作品以"上海大众公司人力资源管理.pptx"为文件名保存在D盘根目录下。

2. 设计与制作要求

（1）设计不少于5张幻灯片，介绍上海大众公司人力资源管理系统。

（2）幻灯片的背景为双色渐变。

（3）幻灯片中包含合适的图片及相应的文字。

（4）幻灯片图文并茂、排版合理，字体大小合适。

（5）每张幻灯片均使用艺术字标题。

（6）幻灯片中图片大小相等。

（7）幻灯片上使用的图片要加上粗的边框。

打开光盘中"项目五\学生自主实践活动\实践二上海大众公司人力资源管理系统"文件夹，根据所给素材，完成任务。

活动三　"节能产品"宣传演示文稿的制作

使用节能产品，在提高我们生活质量的同时，减少了能源的消耗，响应了全球无碳化生活的倡议。让我们尽可能地使用节能产品，共同创造一个绿色健康的生存环境。

小丁同学要制作一份多媒体演示文稿，在社区触摸屏上由居民自行操作，了解生活中的一些节能减排产品。

一、思考与讨论

1. 在素材中，已提供了 PowerPoint 模板。为方便快捷考虑，是选择打开已有的模板，还是选择应用幻灯片中的设计主题？

2. 创建一份自由规划、静态页面的介绍节能产品的宣传演示文稿。根据提供的素材及宣传主题思考，演示文稿应该设计为几张幻灯片？每张幻灯片的标题是什么？每张幻灯片的内容是什么？

3. 为了使幻灯片之间能够建立方便、快捷的链接访问，在哪些内容上可以添加超链接？除了超链接，还有其他方法吗？

4. 有哪些方式可以使幻灯片变得生动活泼，在幻灯片进入、切换时具有动画效果？

5. 要制作有声有色的幻灯片，除了文字、图片之外，在幻灯片中还能添加哪些方面内容？

6. 社区居民可以在社区触摸屏上自行操作和播放演示文稿，应该选择哪种幻灯片的放映类型?

二、总体思路

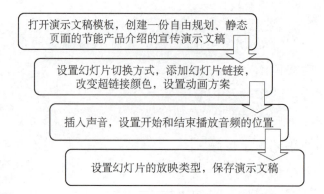

方法与步骤

一、准备工作

仔细阅读所给素材,了解各种节能减排产品,找出重点内容,为制作演示文稿做好准备。

二、新建 PPT 文档

1. 运行 Microsoft PowerPoint 打开素材中提供的演示文稿模板,在"文件"选项卡中,单击"打开"按钮,选择"节能产品介绍"PowerPoint 模板。

2. 参考活动二的步骤,根据所给素材,完成 6 张幻灯片的制作。

三、幻灯片切换

1. 单击"切换"选项卡。

2. 在"切换到此幻灯片"组中,选择需要的切换方式,并按需要修改切换效果。

3. 在"计时"组中,修改持续时间、声音;换片方式,鼠标、时间的设置。单击【全部应用】按钮,统一设计所有幻灯片的切换方式,如图 5-3-1 所示。

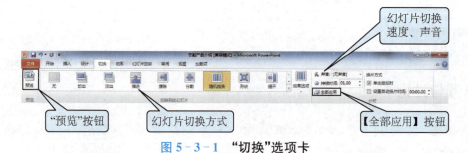

图 5-3-1 "切换"选项卡

提醒 在"预览"组中单击"预览"按钮,就能预览切换效果。

四、幻灯片链接

1. 超链接。把第一张幻灯片制作成产品目录的形式,选中文字"节能汽车",在"插入"选项卡上的"链接"组中,单击"超链接"按钮,弹出"插入超链接"对话框。

在"插入超链接"对话框中,单击"本文档中的位置"选项,在右侧的"请选择文档中的位置"框中选择"幻灯片 2",使第一张幻灯片中的文 3 行小标题与相应幻灯片的链接关系,如图 5-3-2 所示。

图5-3-2 "插入超链接"窗口

提醒 演示文稿中,除了可以在自身文档中做超链接,还可以通过"插入超链接"对话框中的"现在有文件或网页""新建文档"和"电子邮件地址"等选项与不同类型、不同位置的文件链接。

2. 改变超链接颜色。选中超链接文字,单击"设计"选项卡,在"主题"组中,单击"颜色"按钮。在下拉列表中,选择"新建主题颜色",如图5-3-3所示。在打开的"新建主题颜色"对话框中,设置"超链接"和"已访问的超链接"的颜色,如图5-3-4所示。

图5-3-3 "颜色"下拉列表

提醒 通过新建主题颜色,可以将色彩单调的幻灯片快速地重新修饰一番。主题颜色由幻灯片设计主题中使用的12种颜色组成,演示文稿的主题颜色由应用的设计主题

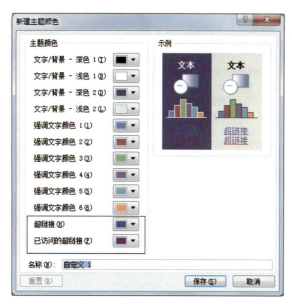

图5-3-4 新建主题颜色对话框

确定。链接文字的颜色只能在新建主题颜色中设置。

3. 动作按钮。选择第二张幻灯片,单击"插入"选项卡上的"插图"组中的"形状"按钮,在下拉窗口中,单击"动作按钮"中的第五个按钮(形状如小房子),如图5-3-5所示,鼠标变为"+"。在工作区拖拽,出现返回按钮 🏠 ,在自动弹出的"动作设置"对话框中单击【确定】按钮,如图5-3-6所示。在幻灯片放映过程中,只需点击 🏠 就能返回第一页。

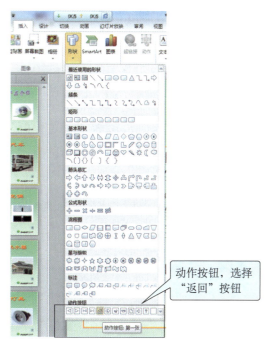

图5-3-5 "形状"按钮选项

图 5-3-6 "动作设置"窗口

图 5-3-7 "动画"选项卡

提醒 🏠 默认设置链接到第一张幻灯片。可以修改"超链接到"下拉列表的选择，改变链接的位置。

通过"复制"、"粘贴"，将返回按钮 🏠 粘贴到其余各张幻灯片中。

提醒 还可以在幻灯片中插入形状，输入文字"返回"，将文字"返回"链接到第一张幻灯片，自己制作返回按钮效果，如 返回 。

四、设置动画方案

选中第一张幻灯片中的艺术字标题，单击"动画"选项卡，在"动画"组中，选择动画效果；在"计时"组中，设置动画的开始时间、播放速度、播放顺序等，如图 5-3-7 所示。

用同样的方法设置幻灯片中其他内容的动画效果。

提醒 选择了动画效果之后，单击"动画"组中的"效果选项"按钮，修改已选定的动画效果的"方向"和"序列"，如图 5-3-8 所示。

图 5-3-8 "效果选项"下拉列表

五、插入声音

1. 插入声音。选择第一张幻灯片，单击"插入"选项卡，在"媒体"组中单击"音频"按钮，选择"文件中的音频"，打开"插入音频"对话框，选择素材中的声音文件，当前窗口会跳出喇叭图标 🔊，如图 5-3-9 所示。

2. 编辑声音对象。选中喇叭图标，单击"音频工具"中的"播放"选项卡，在"音频选

六、设置放映类型

单击"幻灯片放映"选项卡,在"设置"组中,单击"设置幻灯片放映"按钮,打开"设置放映方式"对话框。将"放映类型"设置为"观众自行浏览",单击【确定】按钮,如图 5-3-11 所示。

图 5-3-9 插入声音

项"组中,设置开始播放音频与结束播放音频的位置,如图 5-3-10 所示。

图 5-3-10 音频工具

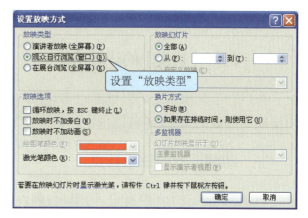

图 5-3-11 "设置放映方式"对话框

七、保存文件

以"节能产品介绍.pptx"为文件名,保存文件在 D 盘根目录中,放映幻灯片。

 知识链接

一、视频文件的插入与链接

PowerPoint 2010 演示文稿中可以链接到外部视频文件或电影文件。通过链接视频,可以减小演示文稿的文件大小,也可以将视频嵌入到演示文稿中。这样有助于消除缺失文件的问题。

1. 插入视频。单击"插入"选项卡,在"媒体"组中,单击"视频"按钮,选择"文件中的视频",插入视频对象。还可以编辑视频对象,如图 5-3-12 所示,方法类似于声音的插入操作。

2. 链接视频。链接视频的操作方法与插入视频几乎相同,区别在于最后一步:单击【插入】按钮上的下箭头,然后单击"链接到文件",如图 5-3-13 所示。

为了防止出现与断开链接有关的问题,最好先将视频复制到演示文稿所在的文件夹中,然后再链接到视频。

图 5‑3‑12 "视频"下拉列表

图 5‑3‑13 链接视频

二、幻灯片切换中的计时功能

在"切换"选项卡上的"计时"组中,可以修改切换的持续时间,修改切换效果,甚至可以指定切换期间播放的声音,还可以指定在切换到下一张幻灯片之前在某张幻灯片上停留的时间。

三、动画设置的效果特点

PowerPoint 2010 中有进入、退出、强调和动作路径 4 种不同类型的动画效果。可以将演示文稿中的文本、图片、形状、表格、SmartArt 图形和其他对象制作成动画,赋予它们进入、退出、大小或颜色变化甚至移动等视觉效果。

自主实践活动

1. 背景与任务

上海大众汽车公司的销售部门将制作一份"上海大众新品报价"的宣传文稿。

有关资料放在"学生活动三/大众新品报价"文件夹下,运用所给素材,制作多媒体演示文稿。将完成的作品以"大众新品报价.pptx"为文件名保存在 D 盘根目录下。

2. 设计与制作要求

(1) 设计不少于 5 张幻灯片,介绍上海大众新品的报价。

(2) 其中第一张幻灯片是封面,封面中的标题要求能体现主题,并且封面能与各幻灯片相互链接。

(3) 第二张幻灯片开始分别介绍上海大众新品的报价。

(4) 幻灯片中包含合适的图片及相应的文字。

(5) 幻灯片图文并茂、排版合理,字体与图片大小合适,图文搭配正确。

(6) 第一张幻灯片能与其余各幻灯片建立链接关系,其余各张幻灯片能返回第一张幻灯片。

(7) 各幻灯片设置合适的切换方式。

(8) 幻灯片中图片大小相等。

(9) 每一张幻灯片均设置醒目的动画效果。

打开光盘中"项目五\学生自主实践活动\实践三大众新品报价"文件夹,利用所给素材,完成任务。

活动四 "节能减排小贴士"宣传演示文稿的制作

使用节能产品,在提高我们生活质量的同时,还能减少能源的消耗。让我们尽可能地使用节能产品,共同创造一个绿色健康的生存环境!

小丁同学要设计一份多媒体演示文稿,在社区电子屏上或展台中自动播放,向居民宣传节能减排的方法。

一、思考与讨论

1. 要设计有独特风格的幻灯片母版,应选择哪种背景颜色和效果?幻灯片版面如何布局?请在纸张上绘制一个幻灯片母版。
2. 根据提供的素材及宣传主题思考,演示文稿应该设计为几张幻灯片?每张幻灯片的标题是什么?每张幻灯片的内容是什么?
3. 在演示文稿中,如何设置背景颜色和效果?
4. 可以选择哪些工具和方式设计幻灯片母版?
5. 为了使幻灯片的表格更加美观,可以对表格的哪些方面进行修饰?
6. 结合 Excel 的知识思考,在幻灯片中需要更好地体现出数据的比较情况,幻灯片中的表格内容可以采用什么形式呈现?
7. 为了使幻灯片自动播放,应选择何种幻灯片的放映方式,并以哪种文件类型保存演示文稿?

二、总体思路

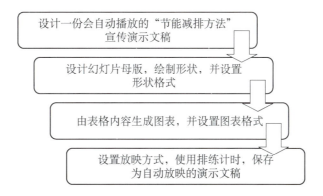

一、准备工作

1. 仔细阅读所给素材,了解各种节能减排产品,找出重点内容,为创建演示文稿做准备。

2. 新建 PPT 文档,参考活动三,设置双色渐变背景。

二、幻灯片母版设计

根据个人喜好,设计一份独特的母版(这里仅对样例做说明,同学可以根据自己的喜好设计)。

1. 选择幻灯片母版。单击"视图"选项卡,在"母版视图"组中单击"幻灯片母版"按钮,如图5-4-1所示。进入"幻灯片母版"视图,在幻灯片母版和版式窗格中,选择幻灯片母版,如图5-4-2所示。

图5-4-1 "幻灯片母版"按钮

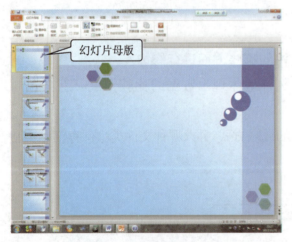

图5-4-2 幻灯片母版样例

(1) 在"母版"编辑窗口绘制形状。

① 绘制"矩形"并设置其格式:单击"开始"选项卡,在"绘图"组中,选择"矩形";在编辑窗口画一个"矩形"形状,选中"矩形",在"绘图"组中,设置形状的填充、轮廓和效果,如图5-4-3所示。

提醒 如果想对形状进行更多的设置,可以选中形状,鼠标右击,在弹出的列表中选择"设置形状格式",打开"设置形状格式"对话框。可以选择不同的选项卡,对进一步的美化形状,如图5-4-4所示。

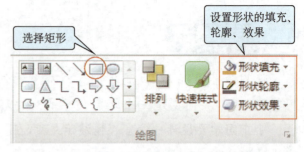

图5-4-3 "绘图"组

图5-4-4 "设置形状格式"对话框

(2) 组合:按住[Shift]键,同时选中3个"矩形";在"开始"选项卡上的"绘图"组中,单击"排列"按钮,弹出下拉列表,选择"组合对象"区域中的"组合",将图形组合,如图5-4-5所示。

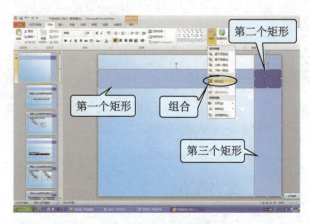

图5-4-5 组合

（3）参考上述步骤绘制其他形状，创建有独特风格的幻灯片母版，如图5-4-6所示，并关闭幻灯片母版。

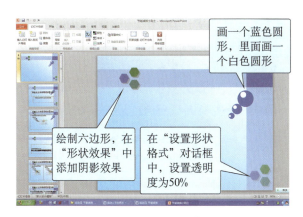

图5-4-6 绘制其他形状

三、参考活动二，插入和编辑艺术字标题

四、创建小标题

1. 制作小标题的背景。绘制圆角矩形，设置颜色及阴影效果。将该图形复制5个，按样例排列。

2. 添加小标题文字。右击圆角矩形，单击"编辑文字"，输入小标题"衣"，并设置字体格式；同理给其他5个圆角矩形添加文字，分别为"食""住""行""用""感想"，如图5-4-7所示。

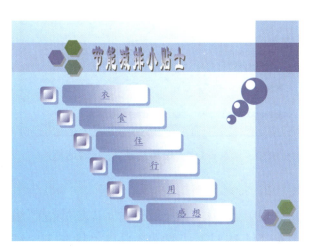

图5-4-7 第一张幻灯片样例

五、添加文字和图片

1. 添加文字。绘制一个形状，鼠标右击形状，单击"编辑文字"，添加素材中提取的文字内容，设置文字和形状格式。

2. 添加图片。绘制一个形状，选中形状，在"绘图"组中，单击"形状填充"按钮。在弹出的下拉列表中，选择"图片"，如图5-4-8所示。在打开的"插入图片"对话框中，选择素材所需的图片，如图5-4-9所示，单击【插入】按钮。

图5-4-8 "形状填充"下拉列表

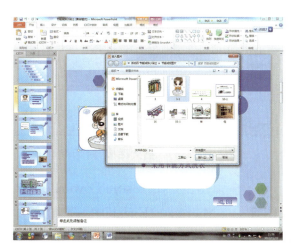

图5-4-9 在形状中填充图片

六、插入表格

在"插入"选项卡中，单击"表格"按钮，弹出"插入表格"的下拉窗口，移动鼠标，选

中小窗格,产生"4行3列"的表格,在表格中输入从素材中提取的相应内容,如图5-4-10所示。

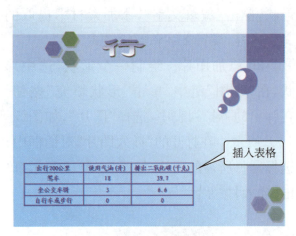

图 5-4-10　插入表格

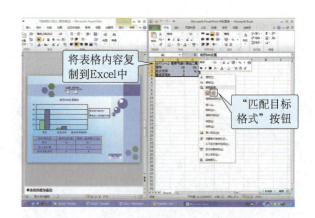

图 5-4-12　Microsoft PowerPoint 中的图表——Microsoft Excel

七、创建图表

1. 选中表格的全部内容,右击"复制",将表格内容复制到剪贴板。

2. 在"插入"选项卡中,单击"图表"按钮,弹出"插入图表"对话框,选择图表类型,单击【确定】按钮,如图5-4-11所示。

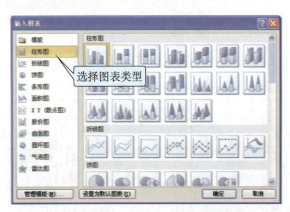

图 5-4-11　"插入图表"对话框

3. 在弹出的"Microsoft PowerPoint 中的图表——Microsoft Excel"中,选中原有内容,使用[Del]键清除内容;右击并在"粘贴选项"中选择"匹配目标格式"按钮,将表格的内容按 Excel 的格式粘贴进来,如图5-4-12所示。

4. 选中"图表",右击,设置"图表类型"、"图表区格式"等。

八、动态效果

1. 参考活动三,设置"幻灯片切换"。
2. 参考活动三,设置"幻灯片动画效果"。

九、自动播放演示文稿

1. 设置放映方式

单击"幻灯片放映"选项卡,在"设置"组中,单击"设置幻灯片放映"按钮,打开"设置放映方式"对话框,将"放映类型"设置为"在展台浏览(全屏幕)",将"换片方式"设置为"如果存在排练时间,则使用它",单击【确定】按钮,如图5-4-13所示。

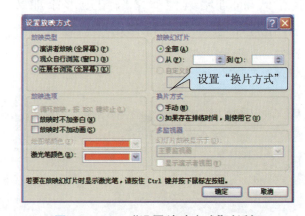

图 5-4-13　"设置放映方式"对话框

2. 排练计时

(1) 选中第一张幻灯片,单击"设置"组中的"排练计时"按钮,进入"排练计时"状态。

(2) 在"排练计时"状态中,有一个"录制"对话框,显示单张幻灯片放映所用时间和整篇演示文稿放映所用时间,如图5-4-14所示。

图5-4-14 "录制"对话框

(3)利用"录制"对话框中的"暂停"和"下一项"等按钮,手动播放一遍演示文稿,控制排练计时过程,以获得最佳的播放时间。

(4)播放结束后,系统会弹出一个提示"是否保留排练时间"的对话框,如图5-4-15所示,单击【是】按钮。

图5-4-15 提示"是否保留排练时间"的对话框

提醒 如要让演示文稿自动播放,则必须排练计时。

十、保存文件

在"文件"选项卡中,单击"保存"按钮,弹出"另存为"对话框,选择保存类型为PowerPoint放映(*.ppsx),输入文件名"节能减排小贴士",将文件保存在D盘根目录下,如图5-4-16所示。

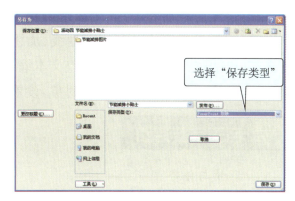

图5-4-16 "另存为"对话框

提醒 如果文件保存类型是"PowerPoint演示文稿"时,幻灯片需要自动播放,那么在打开此类文件后,还需按一下"幻灯片放映"按钮,幻灯片才会自动播放;如果文件保存类型是"PowerPoint放映"时,打开此类文件后,幻灯片就会直接自动播放。

知识链接

一、设置自定义动作路径

如果对系统内的动作路径(动作运动轨迹)不满意,可以设定动作路径。设定动作路径的方法:

1.选中需要设置动画的对象,单击"动画"选项卡。在"动画"组中,单击【更多】按钮,在弹出的下拉窗口中,选择"自定义路径",单击"效果选项"按钮,选择路径类型(如"曲线"),如图5-4-17所示。

2.此时,鼠标变成"+",根据需要,在工作区中绘制动作的路径。在需要变换方向的地

图5-4-17 设置自定义动作路径

方,单击一下鼠标。全部路径描绘完成后,双击鼠标结束路径设置,路径设置效果(参见图 5-4-11)。

3. 要使绘制的路径更加准确,可以在"视图"选项卡上的"显示"组中,设置网格线和参考线。

二、幻灯片的美化

制作一个优美的幻灯片,要求构思巧妙、独具匠心、布局合理和层次感的构图;使用线条柔和,搭配合理的图形;采用简洁明快,温馨自然的色彩。美化幻灯片的方法有:修饰文本字符(包括设置字体、字号、下划线、加粗、倾斜以及改变文字颜色等内容),调整文本框中的文本(包括对齐方式的调整、调整文本缩进、行距和段落间距的设置),设置项目符号和艺术字,插入图片、图表、声音、表格等对象,设置动作效果。

自主实践活动

1. 背景与任务

上海大众汽车公司的市场部将制作一份"上海大众新品晶锐汽车介绍"的宣传文稿。

有关资料放在"学生实践四/大众新品晶锐汽车介绍"文件夹下,运用所给素材,制作多媒体演示文稿。将完成的作品以"上海大众新品精锐汽车介绍.pptx"为文件名保存在 D 盘根目录下。

2. 设计与制作要求

(1) 设计不少于 5 张幻灯片,介绍上海大众新品晶锐汽车。

(2) 其中第一张幻灯片是封面,封面中的标题要求能体现主题,并且封面能与各幻灯片相互链接。

(3) 第二张幻灯片开始分别介绍上海大众新品晶锐汽车的各类参数。

(4) 幻灯片中包含合适的图片及相应的文字。

(5) 幻灯片图文并茂、排版合理,字体与图片大小合适,图文搭配正确。

(6) 标题使用艺术字。

(7) 第一张幻灯片能与其余各幻灯片建立链接关系,其余各张幻灯片能返回第一张幻灯片。

(8) 各幻灯片设置合适的切换方式。

(9) 每一张幻灯片均设置醒目的动画效果。

打开光盘中"项目五\学生自主实践活动\实践四大众新品晶锐汽车介绍"文件夹,根据所给素材,完成任务。

归纳与小结

利用演示文稿制作软件制作的基本流程如下图所示。

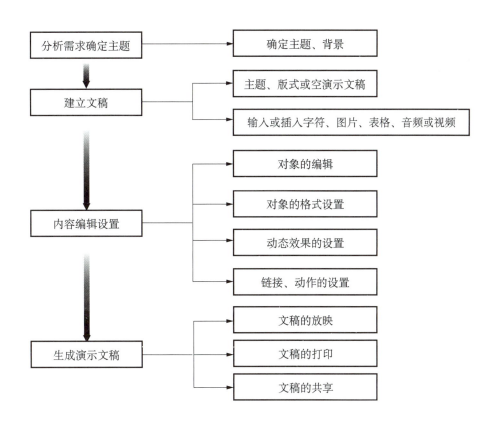

综合活动与评估

"让感恩走进心灵"主题班会演示文稿制作

活动要求

当前,大多数独生子女表现出一种无所谓的态度,以为他们所获得的一切都是理所当然的。针对这种思想,班委会讨论,拟进行一次"让感恩走进心灵"的主题班会活动,激发学生爱的情感,引领学生学会感恩、善于感恩,使学生懂得在家感恩父母,对家庭负责;在学校感恩教师和同学,对学校对班级负责;感恩生存于这个社会,对社会负责,以实际行动回报家庭、学校和社会,报效祖国。为了更加精彩地呈现主题班会的内容,需要学生们设计一份能体现本次主题班会整个过程的演示文稿。

活动分析

1. 个人或小组合作讨论,明确主题班会中的节目单。
2. 查找和筛选相关材料,培养获取信息、筛选信息的能力。
3. 将获取的信息加以整理,并合理布局页面的内容。
4. 使用演示文稿制作软件制作文稿,培养使用信息技术进行信息发布及宣传的能力。

方法与步骤

一、素材准备

1. 使用网络搜索引擎查找信息:

(1) 到网上去寻找一些关于感恩的诗歌、演讲稿。

(2) 下载以"感恩"为主题的音乐、歌曲。

(3) 到网上收集以"感恩"为主题的小测试题。

2. 利用周记的写作,引导大家尝试用欣赏的目光看待自己的周围,品味所感触到的关系与爱护。

3. 创作以"感恩"为主题的小品。

二、信息整理

1. 确定主题班会的主题、封面。
2. 确定主题班会的节目单。
3. 每个节目相应的内容整理,填入节目单。

节目名称	相关内容	所需素材	备注
例1. 演讲《感恩母爱》	演讲稿《感恩母爱》	背景音乐:歌曲《感恩的心》	将音乐播放器与PPT建立超链接
例2. 观视频谈体会	视频《感恩》	视频《感恩》	在PPT中插入视频素材,注意控制时间

三、演示文稿的制作

设计一份"让感恩走进心灵"的多媒体演示文稿。设计要求:

1. 能体现主题班会的整个过程。
2. 演示文稿布局合理,配色美观大方。
3. 演示文稿生动活泼,有声有色。
4. 设计演示文稿的母版,使其个性鲜明。

 评估

一、综合活动的评估

根据综合实践活动,完场下面的评估表,先在小组范围内学生自我评估,再由教师对学生进行评估。

综合活动评估表

学生姓名:_____ 日期:_____

学习目标		自评		教师评	
		继续学习	已掌握	继续学习	已掌握
1. 获取和筛选信息的能力	使用网络搜索引擎查找信息				
	将文字素材整理成计算机文档				
	根据主题需要筛选内容				
2. 根据主题班会的需要,小组合作,规划主题班会的各个环节,制定节目单					
3. 恰当选择信息处理工具的能力	会使用文字处理软件				
	会使用音频播放软件				
	会使用视频播放软件				

续表

学习目标		自评		教师评	
		继续学习	已掌握	继续学习	已掌握
	会使用图形处理软件				
4. 建立演示文稿	插入文字对象				
	插入图片对象				
	插入音频对象				
	插入视频对象				
5. 内容对象的格式化	文字、段落格式的设置				
	图片对象、艺术字格式设置				
	多媒体对象的添加及设置				
6. 演示文稿版式设计	应用设计模板的应用				
	个性化母版的制作				
7. 动态效果的设置	幻灯片的切换				
	对象的动画设置				
8. 超级链接设置	链接的设置				
	动作按钮的使用				
9. 通过网络交流信息的能力	资源共享及网上邻居的使用				
10. 综合运用多个软件解决问题的能力					
11. 分析问题、解决问题的能力					

二、整个项目的评估

复习整个项目的学习内容、完成下面的学习评估表。

整个项目学生学习评估表

学生姓名：_____
在整个项目的所有活动中喜爱的活动：_____
1. 本项目中最喜欢的一件作品是什么？为什么？
_____

2. 本项目包括以下技术领域：
　　□文字处理　　　□图片处理　　　□多媒体演示文稿
　　□因特网　　　　□资料扫描及拍摄　□声音视频
3. 本项目中哪项技能最有挑战性？为什么？
_____

4. 本项目中，你对哪项技能最有兴趣？为什么？
_____

5. 本项目中哪项技能最有用？为什么？
_____

6. 比较文字处理软件、多媒体演示文稿制作软件、图像处理软件,它们各使用哪几方面的信息处理?

7. 举例说明文字处理软件、多媒体演示文稿制作软件及图像处理软件的使用组合。

8. 请归纳使用多媒体演示文稿制作策划的重点、难点。

项目六

电子表格

——销售业绩统计与分析

情境描述

公司要赚取利润,就必须努力把产品销售出去。经过创新集团公司销售部所有销售人员的共同努力,各种产品的销售数量都有不同程度的提高,为了实时掌握公司销售情况,及时分析产品销售量,需要统计与分析销售情况。

分析之前,首先需要获取有关产品销售的数据,包括销售产品的品名、数量、规格、价格、销售的总收入等。有些数据是直接获取的,有些数据则是统计得到的。通过本项目,要学会输入数据,然后使用公式与函数计算各种统计值,最后生成柱形图、饼图和折线统计图等各种图表,以便更加直观、清晰地分析个人和部门的销售业绩。

活动一 销售员月度销售情况的统计与分析

活动要求

创新集团公司某分公司某位销售员在当年1月产品的销售情况如下:产品1共售出20件,销售价格是每件880元;产品2共售出35件,销售价格是每件1050元;产品3共售出68件,销售价格是每件610元;产品4共售出96件,销售价格是每件499元。

分公司销售经理布置给新员工小明一个任务,要求小明制作一份文档,文档能清晰地显示该销售员1月份的销售情况,并能显示该销售员1月份各类产品的销售金额,以及金额总和。

活动分析

一、思考与讨论

1. 要把文字形式描述的某分公司某位销售员在当年1月产品的销售情况显示出来,首先要把文字描述转换成表格。在Word中已经学习了表格的设计,根据要求,表格应该设计成几列几行?每列各表示什么信息?每行各表示什么信息?请在纸上设计表格。

2. 要统计该销售员1月各种产品的销售金额,应该在设计好的表格中增加行还是增加列?

3. 如何计算该销售员1月份各种产品的销售金额？

4. 如何计算该销售员1月份销售总金额？

5. 为了更加美观、清晰地显示该销售员1月份的销售情况，该如何美化表格？

二、总体思路

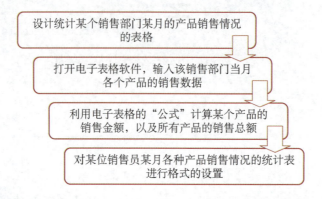

方法与步骤

一、设计"产品月销售情况的统计表"

设计表格主要是设计表格的第一行，即表格数据项目的名称、位置等，一般将数据统计项目依次排列在这一行；然后设计表格每一行该输入什么内容。

表6-1-1是参考形式，可以自行另外设计。

表6-1-1 产品月销售情况的统计表（供参考）

销售部门：　　　月份：　　月

产品名称	销售单价	销售数量	销售金额
产品1			
产品2			
……			
合计			

二、运行Excel，认识Excel窗口界面

1. 运行Excel，新建工作簿。单击"开始/所有程序/Microsoft Office/Microsoft Excel 2010"，启动电子表格软件；这时Excel会默认新建一个空白工作簿，并命名为"工作簿1"。

讨论：Excel和Word的相同点和不同点。工具栏有相同之处吗？哪些按钮是新的？

2. 认识Excel窗口界面。认识表格软件Excel中的行、行号、列、列标、单元格、单元格标识符等，如图6-1-1所示。

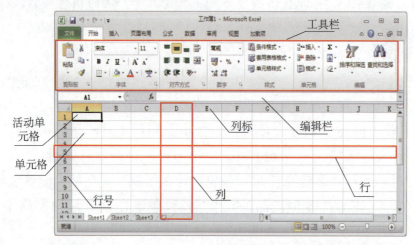

图6-1-1　Excel窗口

3. 单击"文件/保存"命令,在弹出的"另存为"对话框中,选择保存位置到指定的文件夹,输入文件名"产品的月销售情况统计表",并设置保存类型为"Excel 工作簿(＊.xlsx)"。

三、输入电子表格的有关数据

1. 输入表格的列标题

(1) 输入表格标题:单击单元格 A1,切换到中文输入状态,输入表格的标题"产品月销售情况的统计表"。

(2) 采用同样的方法,在第二行即 A3 到 D4 单元格依次输入销售部门、月份信息。

(3) 输入列标题:在 A5 到 D5 单元格依次输入电子表格的列标题。

结果如图 6-1-2 所示。

图 6-1-2　输入表格的标题

2. 输入产品名称以及销售单价和销售数量

在电子表格的相应单元格中输入产品名称以及产品的销售单价和销售数量,结果如图 6-1-3 所示。

图 6-1-3　输入表格中的数据

在列标题"销售单价"、"销售数量"下输入具体的数据。参考数据见学生光盘的"\项目六\活动一\材料\产品的月销售情况统计表.xlsx"文件。

四、统计产品的销售金额

1. 根据某个产品的销售单价和销售数量,采用公式计算销售金额。

讨论:产品的销售金额应该怎样计算?计算公式是什么?

运用公式计算产品 1 的销售金额,如图 6-1-4 所示。

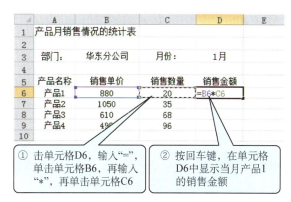

图 6-1-4　公式的使用

提醒　在 Excel 中输入公式时,必须先输入等号"＝"。

用同样的方法,或者将单元格 D6 中的公式复制到单元格 D7、D8、D9 中,依次计算出产品 2、产品 3 和产品 4 的销售金额。

也可以使用填充柄完成计算:将鼠标指针移到单元格 D6 右下方的填充柄上,此时鼠标指针变成黑色十字形状;按住鼠标左键的同时向下拖拽,一直到单元格 D9,即可计算出所有产品的销售金额。计算结果如图6-1-5所示。

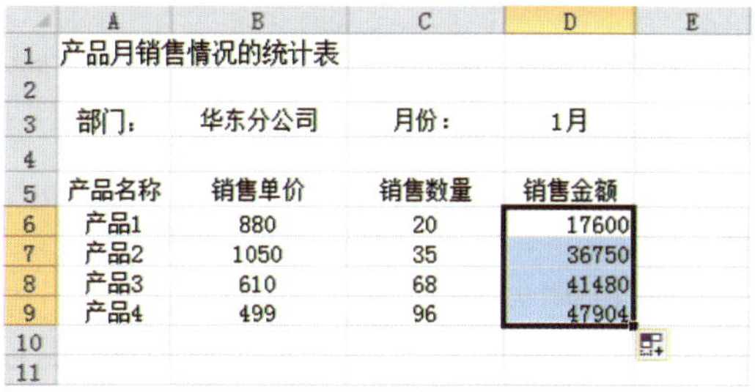

图 6-1-5　公式计算结果

2. 采用公式计算所有产品的销售总量和销售总额

在 A10 单元格中输入"合计",采用公式计算所有产品的销售总量,将结果放在 C10 单元格中。

讨论:当月所有产品的销售总量应该怎样计算?计算公式是什么?参见图 6-1-6。

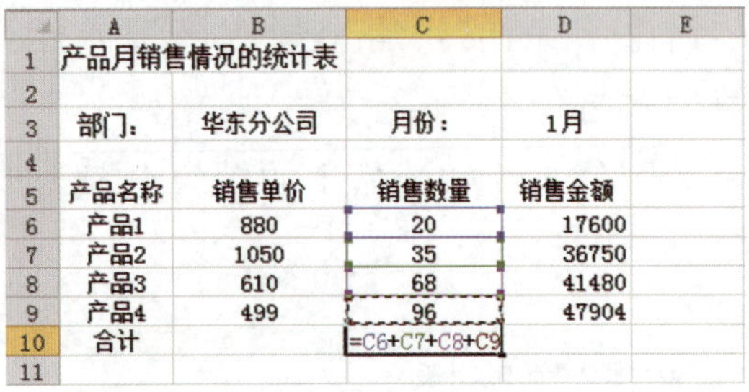

图 6-1-6

(1) 单击单元格 C10,输入"=",单击单元格 C6,再输入"+",再单击单元格 C7,再输入"+",再单击单元格 C8,再输入"+",再单击单元格 C8。

(2) 按回车键,在单元格 C10 中显示所有产品的销售总量。

使用同样的方法,或者使用填充柄可以计算出所有产品的销售总额。计算结果如图 6-1-7 所示。

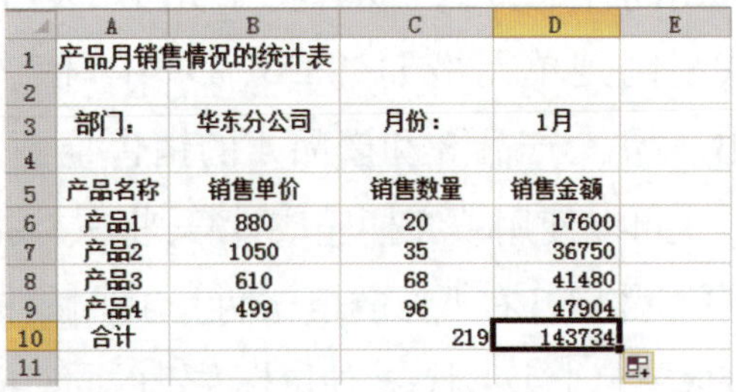

图 6-1-7

五、表格格式的设置

为了使表格更加直观,需要设置表格的格式。

1. 表格标题的格式化

(1) 首先选择需要设定格式的单元格,然后单击"开始"选项卡,设定标题的字体和颜色,如图 6-1-8 所示。

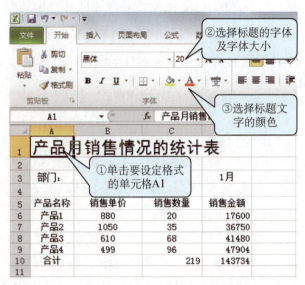

图 6-1-8　表格标题格式的设置

(2) 设定标题的对齐方式。使表格标题显示在表格的中间位置。选择单元格 A1 到 D1,然后设定对齐方式为"合并后居中",如图 6-1-9 所示。

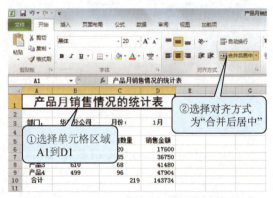

图 6-1-9　表格标题对齐方式的设置

2. 表格内容的格式化

选择单元格 A5 到 D10,选择"开始"选项卡,在"样式"组中选择"套用表格格式"按钮,在下拉列表中选择合适的表格格式,如图 6-1-10 所示,结果如图 6-1-11 所示。

六、认真检查与交流分享

1. 认真检查

检查制作的产品月销售情况统计表,确保它包括以下要素:

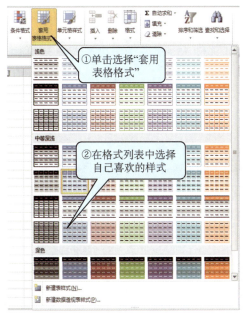

图6-1-10　套用表格格式

(1) 统计表格要有标题。

(2) 统计表格中计算了每种产品的销售金额，以及所有产品的销售总额。

(3) 已经对产品月销售情况的统计表进行了格式的设置。

还可以进一步进行其他方面的修改与美化。完成操作之后存盘。

2．交流分享

浏览其他同学的产品月销售情况的统计表，评价其他人的作品；认真倾听其他人对自己作品的意见和建议，汲取他人的意见，修改作品。

交流分享之前思考并讨论如下的问题：

(1) 在设计并制作产品月销售情况的统计表过程中，最有用的技术是什么？为什么？今后还会在什么地方运用这一技术？

(2) 在设计并制作过程中最具有挑战性的部分是什么？如何应对挑战并完成任务的？

图6-1-11　活动一的样例

知识链接

一、工作簿与工作表的认识与操作

常见的电子表格软件有 Excel 软件、金山电子表格软件等，本项目学习的是 Excel 软件。

1．工作簿与工作表的认识

启动 Excel 后，会自动创建并打开一个新的工作簿。工作簿文件扩展名为".xlsx"。每一个工作簿最多可包含 255 个不同类型的工作表，默认情况下一个工作簿中包含 3 个工作表。

Excel 中工作表是一个表格，行号为 1、2、3……，列号采用 A、B、C……编号，如图 6-1-12 所示。每个工作表由多个纵横排列的单元格构成。单元格的名称由列号和行号一起组成，如第一个单元格为"A1"单元格。

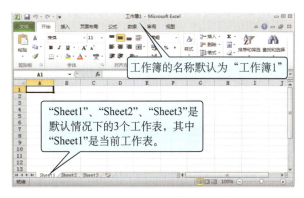

图6-1-12　工作簿与工作表

2. 电子表格软件的基本操作

打开光盘中"项目六\活动一\材料\神秘单词.xlsx"文件,找出神秘单词并大声朗读这个词。

二、公式的使用

在电子表格软件中,使用公式可以对表中的数值进行加、减、乘、除等运算,用"＋"号表示加,用"－"号表示减,用"＊"号表示乘,用"/"表示除;公式中只能使用圆括号,圆括号可以有多层。

在输入公式时,要以等号"＝"开头。在公式中,还可以用到其他单元格的数据,在计算公式的值时,把其他单元格的值代入公式计算。

例如输入公式"＝11＋B1＊C2",按回车键,表示用单元格 B1 中的值乘以单元格 C2 中的值再与 11 相加,然后把计算的结果显示在输入公式的单元格中,如图 6－1－13 所示。

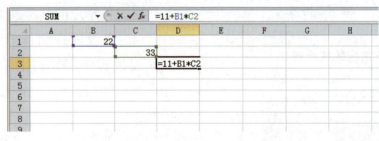

图 6－1－13　公式的输入

三、表格格式的设置(套用表格格式)

使用 Excel 提供的"套用表格格式"的功能,可以非常有效地节省时间、提高效率,使编排出的表格规范。

选择单元格区域,单击"开始"选项卡,在"样式"组中单击"套用表格格式"按钮,在下拉菜单中选择合适的表格格式,如图 6－1－11 所示。

Excel 还提供了"单元格样式"功能,针对主题单元格和表格标题,预设了一些样式,让用户快速地选择和使用。选择单元格内容,单击"开始"选项卡,在"单元格"组中选择"单元格样式"按钮,在下拉列表中选择自己喜欢的样式即可。

提醒　1. 各种软件的作用各不相同。文字处理软件主要用来处理以文字为主的文档,电子表格软件主要是用来处理数据及表格。要根据不同的需要,合理选择处理软件。

2. 在电子表格中可以方便地利用公式统计与分析数据。

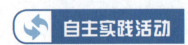

大学生消费支出情况统计

1. 背景与任务

小明是一位在校大学生,每月父母需要给他一定的生活费。由于小明花钱比较随意,每到月底总是钱不够,不得不向父母再要钱。父母建议其对每月的支出情况进行记录,并要求小明以季度为单位定期清晰地向其父母汇报经费使用情况。小明把1~3月份的各类费用支出情况记录在Word文档中。请用Excel帮助小明统计与分析第一季度消费情况。

2. 设计与制作要求

（1）设计统计表，表格应该包括小明吃饭费用、交通费用、购买学习用品费用、购买零食费用、其他等各项支出，每项支出要有1~3月份每个月的支出情况。

（2）使用公式能计算每个月份各项费用支出的合计，计算一个季度每项支出的合计，计算一个季度中各项支出占季度总支出的比例。

（3）统计表格进行格式的设置，要清晰和醒目。

（4）统计表数据的分析。从统计表中能获得哪些信息？能得出什么结论？

打开光盘中"项目六\活动一\材料\1—3月小明各项费用支出的记录.docx"文件，根据文件中给出的数据，完成任务。

活动二　多位销售员月度销售情况统计与分析

创新集团公司某分公司有5位销售员，当年1月每位销售员的销售情况和各种产品的销售情况以文字处理软件的表格形式保存起来。

表6-2-1　多位销售员月度销售情况统计表

产品	销售员1	销售员2	销售员3	销售员4	销售员5
产品1	9 200	22 500	17 000	17 850	5 400
产品2	11 200	12 500	7 000	9 200	53 400
产品3	9 800	2 500	31 000	17 850	13 240
产品4	13 200	29 500	9 870	19 700	53 400

分公司销售经理布置给新员工小明第二个任务，要求小明使用电子表格软件制作一份文档，文档中能清晰地看出当月每位销售员的销售总额，以及每种产品的平均销售额；另外为了更加直观，销售经理要求小明制作的文档中采用适当的统计图来清晰地对比每个销售员销售总额情况。

活动分析

一、思考与讨论

1. 在文字处理软件的"多位销售员月度销售情况统计表"中，如何计算当月每位销售员的销售总额，以及每种产品的平均销售额？Word表格中的数据能使用公式或函数进行统计吗？

2. 如何将文字处理软件中"多位销售员月度销售情况统计表"的表格数据快速复制到电子表格软件中。

3. 在电子表格软件中,根据"多位销售员月度销售情况统计表"中的数据,应该使用什么公式或函数,计算出每位销售员的销售总额、各种产品的平均销售额?

4. 为了更加美观、清晰地显示"多位销售员月度销售情况",应如何美化表格?

5. 根据以前学过的有关统计图的知识,说说在纸张上手工制作统计图的基本步骤与方法。统计图的类型有哪些?

为了能清晰地看出当月哪个销售员的销售业绩最高,哪个销售员业绩最低,应该制作什么类型的统计图?

二、总体思路(流程图)

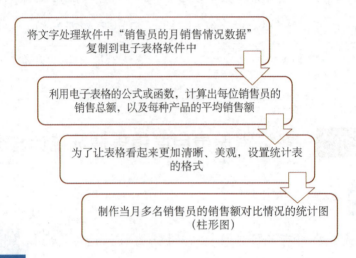

方法与步骤

一、讨论文字处理软件表格中有关销售员销售额的数据

1. 打开 Word 文档"销售员的月销售情况.docx"

启动文字处理软件,打开教材配套光盘中的"销售员的月销售情况.docx"文件。该文件中存放的是当年 1 月创新集团公司华东分公司各个销售员的销售额相关数据,如图 6-2-1 所示。

图 6-2-1 "销售员的月销售情况.docx"文件

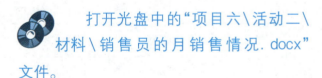

打开光盘中的"项目六\活动二\材料\销售员的月销售情况.docx"文件。

2. 计算当月各个销售员的销售总额以及各种产品的平均销售额

讨论:如何计算当月各个销售员的销售总额?

使用"计算器"分别计算各销售员的销售总额。选择"开始/所有程序/附件/计算器",打开"计算器"程序,如图 6-2-2 所示。计算当月各个销售员的销售总额。

销售员 1 的销售总额为_____,销售员 2 的销售总额为_____

销售员 3 的销售总额为_____,销售员 4 的销售总额为_____

销售员 5 的销售总额为_____

图 6-2-2 "计算器"程序

3. 使用"计算器"分别计算各产品的平均销售额

产品 1 的平均销售额是：_____，产品 2 的平均销售额是：_____

产品 3 的平均销售额是：_____，产品 4 的平均销售额是：_____

二、将 Word 中的"销售员的月销售情况的统计表"复制到 Excel 中

启动电子表格软件，把文字处理软件表格中的数据复制到电子表格软件的工作表中：

（1）切换到文字处理软件，选择"销售员的月销售情况.docx"中的表格。

（2）单击"开始"选项卡，选择"剪贴板"组中的"复制"按钮。

（3）切换到电子表格软件，单击单元格 A1。

（4）单击"开始"选项卡，在"剪贴板"组中点击"粘贴"按钮的向下三角箭头，在下拉菜单中选择"选择性粘贴"，在弹出"选择性粘贴"对话框中，选择粘贴方式为"文本"，如图 6-2-3 所示。

（5）单击"文件/保存"，在弹出的"另存为"对话框中，选择保存位置，指定文件夹，输入文件名"销售员的月销售情况的统计与分析"，并设置保存类型为"Excel 工作簿（*.xlsx）"。

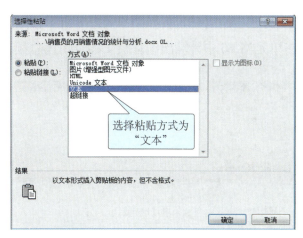

图 6-2-3 "选择性粘贴"对话框

讨论与分析：

（1）销售员 1 月销售总额的计算公式：_____

（2）产品 1 月平均销售额的计算公式：_____

三、统计每个销售员的销售总额、每种产品的平均销售额

1. 计算每个销售员的销售总额

在单元格 A6 中输入文字"销售总额"。利用求和函数计算出销售员 1 的月销售总额。

单击单元格 B6，在"公式"选项卡中，单击插入函数按钮 fx，弹出"插入函数"对话框，在"选择函数"列表中选择"SUM"，单击【确定】，如图 6-2-4 所示。在弹出的"函数参数"对话框中，设定函数的参数为单元格区域

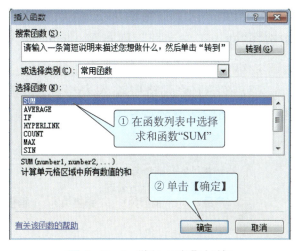

图 6-2-4 "插入函数"对话框

B2到B5,单击【确定】,如图6-2-5所示,即可在单元格B6中计算出销售员1的月销售总额。

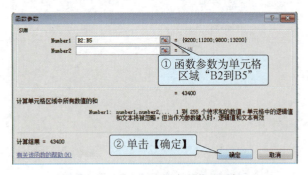

图6-2-5 "函数参数"对话框

想一想:SUM是一个什么函数?B2:B5表示什么?

在单元格B6中使用SUM函数以及公式"=B2+B3+B4+B5"两种方法都可以计算出销售员1的销售总额。比较两种方法的异同之处。

把单元格B6中的内容复制到C6到F6,计算其他销售员的月销售总额。

2. 计算每种产品的月平均销售额

在单元格G1中输入文字"平均销售额"。用插入函数的方法计算当月产品1的平均销售额。

单击单元格G2,在"公式"选项卡中,单击插入函数按钮 f_x ,在函数列表中选择求平均值函数AVERAGE,函数参数选择单元格区域B2到F2,即可计算出产品1的月平均销售额。

将单元格G2中的内容复制到G3到G5单元格,计算其他产品的月平均销售额。计算结果如图6-2-6所示。

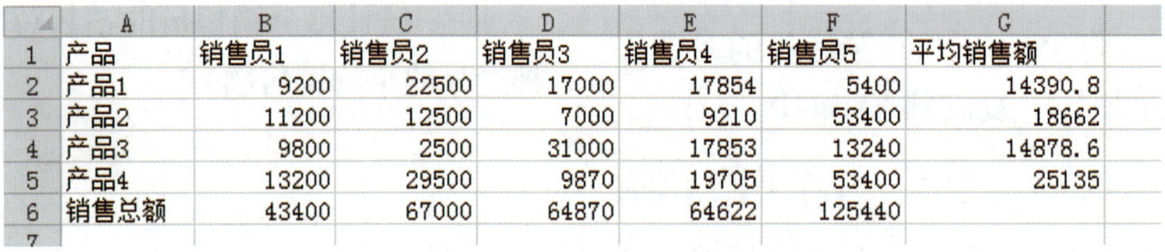

	A	B	C	D	E	F	G
1	产品	销售员1	销售员2	销售员3	销售员4	销售员5	平均销售额
2	产品1	9200	22500	17000	17854	5400	14390.8
3	产品2	11200	12500	7000	9210	53400	18662
4	产品3	9800	2500	31000	17853	13240	14878.6
5	产品4	13200	29500	9870	19705	53400	25135
6	销售总额	43400	67000	64870	64622	125440	
7							

图6-2-6 销售总额和平均销售额的计算结果

四、设置"销售员月销售情况的统计表"格式

1. 表格标题的插入

(1) 单击行号"1"选择工作表的第一行,单击"开始"选项卡,在"单元格"组中选择"插入"按钮的向下三角箭头,在弹出的列表中选择"插入工作表行",即在第1行前插入一空白行,如图6-2-7所示。

(2) 在A1单元格中输入表格标题"销售员的月销售情况的统计表"。

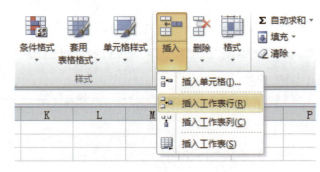

图6-2-7 插入工作表行

(3) 在标题下插入一空白行,输入销售部门名称和统计月份,如图6-2-8所示。

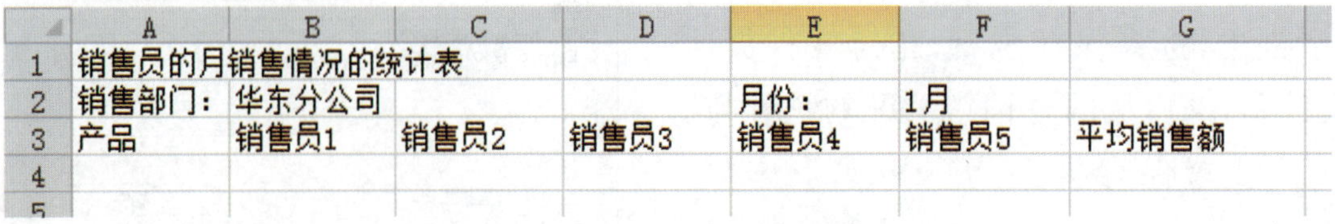

	A	B	C	D	E	F	G
1	销售员的月销售情况的统计表						
2	销售部门:	华东分公司			月份:	1月	
3	产品	销售员1	销售员2	销售员3	销售员4	销售员5	平均销售额
4							
5							

图6-2-8 插入表格标题

2. 表格标题格式的设置

为了使表格的标题更加醒目,要对表格标题进行格式设置。

(1) 设置标题的字符格式:首先选择需要设定格式的标题单元格 A1,然后单击"开始"选项卡,利用工具栏里的格式设置工具,设定标题的字体和颜色,如图 6-2-9 所示。

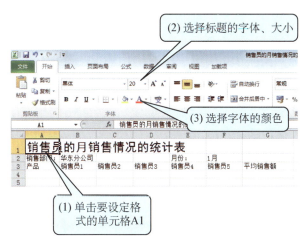

图 6-2-9　表格标题字体格式的设置

(2) 设定标题的对齐方式:把表格标题显示在表格的中间位置。选择单元格 A1 到 G1,单击"开始"选项卡,在"对齐方式"组中选择"合并后居中"按钮,如图 6-2-10 所示。

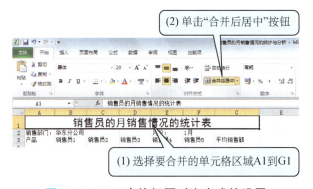

图 6-2-10　表格标题对齐方式的设置

3. 表格内容格式的设置

除使用格式设置工具外,还可以使用"设置单元格格式"对话框进行格式的设置。

(1) 设置数字显示格式:在统计表中,平均销售额的数据小数位数都不一样,看起来很不美观。把平均销售额的数字格式设定为保留 1 位小数。

选择需要设置的单元格,单元格 G4 到 G7,单击"开始"选项卡,在"单元格"组中选择"格式"按钮的向下三角箭头,在弹出的列表中选择"设置单元格格式",在弹出的设置单元格格式对话框中单击"数字"选项卡,如图 6-2-11 所示。

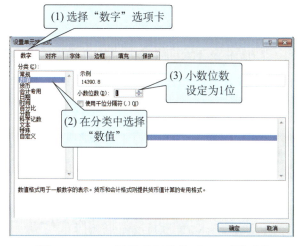

图 6-2-11　设置单元格格式——"数字"

(2) 设置对齐方式:如果统计表中的单元格内容或内容长度不一致,可以设置单元格内容的对齐方式,使整个表格看起来更加整齐、美观。

如将表格的行标题和列标题设置为居中对齐,选择单元格区域 A3 到 G3,A4 到 A8,单击"开始"选项卡,在"单元格"组中选择"格式"按钮的向下三角箭头,在弹出的列表中选择"设置单元格格式",在弹出的设置单元格格式对话框中单击"对齐"选项卡,如图 6-2-12 所示。

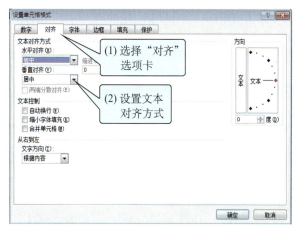

图 6-2-12　设置单元格格式——"对齐"

使用同样的方法,将单元格区域 B4 到 G8 的内容设置为"右对齐"。

(3) 设置字体格式:可以对不同的单元格内容设置不同的字体、大小和颜色,以突出单元格或单元格区域之间的不同。

选择需要设置的单元格,如单元格 A3 到 G3,A8 到 F8,单击"开始"选项卡,在"单元格"组中选择"格式"按钮的向下三角箭头,在弹出的列表中选择"设置单元格格式",在弹出的设置单元格格式对话框中单击"字体"选项卡,如图 6-2-13 所示。

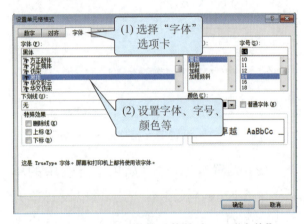

图 6-2-13　设置单元格格式——"字体"

(4) 设置表格边框:Excel 中呈网格状的水印表格线打印不出来。如需打印,要为表格设置边框。如对整个表格设置边框,选择单元格 A3 到 G8,单击"开始"选项卡,在"单元格"组中选择"格式"按钮的向下三角箭头,在弹出的列表中选择"设置单元格格式",在弹出的设置单元格格式对话框中单击"边框"选项卡,如图 6-2-14 所示。

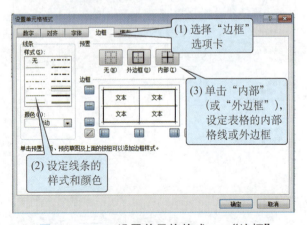

图 6-2-14　设置单元格格式——"边框"

(5) 设置表格底纹:Excel 中的表格默认是无底纹的,可以为某些单元格设置底纹来突出重点。如设置表格的行标题和列标题的底纹,选择单元格 A3 到 G3,A8 到 G8,单击"开始"选项卡,在"单元格"组中选择"格式"按钮的向下三角箭头,在弹出的列表中选择"设置单元格格式",在弹出的设置单元格格式对话框中单击"填充"选项卡,如图 6-2-15 所示。

图 6-2-15　设置单元格格式——"填充"

4. 调整表格的行高与列宽

在 Excel 中创建的表格,行高和列宽是默认的,即单元格的显示区域是默认的。如果某个单元格的内容太多,超出显示区域的部分就不能显示,这时需要通过修改行高和列宽将其显示出来。

确定需要修改的行,将鼠标光标移动到行的下边界线上,当鼠标光标变成双箭头时,按下鼠标左键并拖动,调整到合适的高度后松开鼠标左键。同样地,确定需要修改列宽的列,将鼠标光标移动到列的右边界线上,当鼠标光标变成双箭头时,按下鼠标左键并拖动,调整到合适的列宽后松开鼠标左键。

在行的下边界线和列的右边界线上双击,即可将行高、列宽调整到与其中内容相适应。格式化后的表格如图 6-2-16 所示。

	A	B	C	D	E	F	G
1	销售员的月销售情况的统计表						
2	销售部门：	华东分公司			月份：	1月	
3		销售员1	销售员2	销售员3	销售员4	销售员5	平均销售额
4	产品1	9200	22500	17000	17854	5400	14390.8
5	产品2	11200	12500	7000	9210	53400	18662.0
6	产品3	9800	2500	31000	17853	13240	14878.6
7	产品4	13200	29500	9870	19705	53400	25135.0
8	销售总额	43400	67000	64870	64622	125440	

图 6-2-16　格式化后的表格

五、创建图表分析销售员的销售业绩

统计数据除了可以分类整理制成统计表以外，还可以制成统计图。用统计图表示有关数量之间的关系，比统计表更加形象，使人一目了然，印象深刻。常用的统计图有柱形图、折线图、饼图等。

讨论：

（1）为了能直观地看出当月每位销售员销售总额的高低，应该使用什么类型的统计图？应该选择哪些数据制作统计图？

（2）什么是柱形图？一个柱形图包括哪些部分？

（3）在纸张上手工制作柱形图的一般步骤是什么？

根据图 6-2-17 讨论：

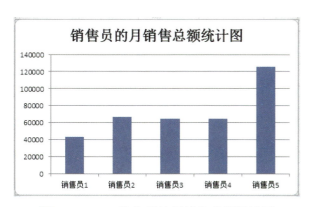

图 6-2-17　销售员的月销售总额统计图

（1）当月哪个销售员的销售额总最高？哪个销售员的销售总额最低？

（2）该统计图对应了数据表中的哪些数据？

（3）该统计图有哪些部分组成？

创建销售员月销售总额统计图：

1．选择数据源

要制作统计图反映销售员的月销售总额，需要选择的数据源为销售员和销售总额，即选择单元格区域 A3 到 F3，按住[Ctrl]键不放，选择区域 A8 到 F8。

2．创建图表

单击"插入"选项卡，在"图表"组中选择"柱形图"。在下拉列表中选择一个柱形图样式，如图 6-2-18 所示。默认生成的柱形图如图 6-2-19 所示，整个图表区包含标题、坐标轴、图例、绘图区 4 个部分：

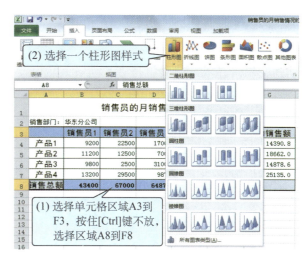

图 6-2-18　创建柱形图

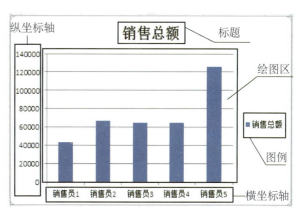

图 6-2-19　统计图的组成

（1）标题：图表标题可以清晰地反映图表的内容，使图表更易于理解。

（2）绘图区：绘图区是统计图显示的区域，是以坐标轴为边的长方形区域。

（3）坐标轴：坐标轴用于界定绘图区的

图形代表的意义,用作度量的参照框架。Excel 默认显示的是绘图区左边的主 y 轴和下边的主 x 轴,通常用 y 轴对数据进行大小度量,用 x 轴对数据进行分类。如 y 轴代表销售总额,x 轴代表不同的销售员。

(4) 图例:用于标识图表中的数据系列或分类指定的图案或颜色,默认显示在绘图区右侧。

图表中的各个部分的位置和内容不是固定不变的,可以通过鼠标拖动他们的位置,修改甚至删除某个内容,以便让图表更加美观和合理。

(1) 修改标题:选中图表标题,将光标放在标题中,将其修改为"销售员的月销售总额统计图",并使用工具栏设置标题的字符格式。

(2) 删除图例:由于本柱形图中只有一个数据序列(销售总额)和数据分类(销售员),图例的作用不是很大,可以删除。单击选中图例"销售总额",按[Delete]将其删除。修改的图表结果如图 6-2-18 所示。

提醒 图表能更加清晰地反映数据所表达的含义;不同类型的图表作用不同,要根据需要合理选择图表的类型。

创建图表首先要选择数据源,当工作表中的数据发生变化时,由这些数据生成的图表会自动调整,以反映数据的变化。

六、检查与交流

1. 认真检查

检查自己设计与制作的销售员月销售情况的统计表和统计图,确保:

(1) 统计表格中计算了当月每位销售员的销售总额,每件产品的平均销售额。

(2) 统计表进行了格式的设置。

(3) 柱形统计图的数据源正确,统计图有正确的标题。

2. 交流分享

把制作的统计表和统计图通过电子邮件发送给教师和其他同学;查收其他同学发过来的电子邮件,浏览其他同学创建的统计表和统计图。

讨论:

(1) 在设计并制作销售员月销售情况的统计表和统计图的过程中,最有用的技术是什么?今后还会在什么地方运用这一技术?

(2) 在设计并制作过程中,最具有挑战性的部分是什么?如何应对挑战完成任务?

知识链接

一、函数的使用

函数是预先定义好的内置公式。函数由函数名和用括号括起来的参数组成。如果函数以公式的形式出现,应在函数名前面键入等号"="。例如,求学生成绩表中的班级总分,可以键入"=SUM(G4:G38)",其中 G4 到 G38 单元格中存放的是每个学生的成绩。常用的函数有 SUM(求和)、AVERAGE(求平均值)、MAX(求最大值)、MIN(求最小值)等。

函数的输入有以下两种方法:

(1) 比较简单的函数,可采用直接输入的方法。

(2) 通过函数列表输入。

二、表格格式的设置

为了使数据表更加整齐、美观、清晰,可以对表格标题和表格内容进行格式的设置。

(1) 选定要设置的单元格,鼠标右击,使用弹出的"格式"工具栏进行单元格格式的设置。

(2) 选定要设置的单元格,鼠标右击,在弹出的下拉菜单中选择"设置单元格格式"菜单项。在弹出的"设置单元格格式"对话框中,进行数据格式、字体格式、对齐方式、边框、底纹等的设置,如图 6-2-20 所示。

图 6-2-20 "设置单元格格式"对话框

三、行高与列宽的设置

1. 用鼠标设置行高、列宽

将鼠标光标移动到行(列)的边界线上,当鼠标光标变成双箭头时,按下鼠标左键,拖动行(列)标题的下(右)边界来设置所需的行高(列宽),调整到合适的高度(宽度)后松开鼠标左键。

在行的下边界线和列的右边界线上双击,即可将行高、列宽调整到与其中内容相适应。

2. 利用菜单精确设置行高、列宽

图 6-2-21 "行高"对话框

选定所需调整的区域,单击"开始"选项卡,在"单元格"组中单击"格式"按钮,在弹出的下拉列表中选择"行高"(或"列宽")选项,然后在弹出的"行高"(或"列宽")对话框上设定行高或列宽的精确值,如图 6-2-21 所示。

选定所需调整的区域,单击"开始"选项卡,在"单元格"组中单击"格式"按钮,在弹出的下拉列表中选择"自动调整行高"(或"自动调整列宽"),电子表格软件将自动调整到合适的行高或列宽。

四、图表的创建

利用电子表格软件提供的图表功能,可以基于工作表中的数据建立统计图。这是一种使用图形来描述数据的方法,用于直观地表达各统计值的差异,利用生动的图形和鲜明的色彩使工作表引人注目。

创建图表的步骤如下:

(1) 明确设计意图:需要通过图表来表达什么信息,实现什么作用。

(2) 确定图表类型:要根据需要,确定合适的图表类型。

(3) 选择数据源:选择要绘制成图表的单元格数据区域。

(4) 插入图表:单击"插入"选项卡,在"图表"组中选择需要的图表类型。在下拉列表中选择其中一种具体样式。

城镇居民人均收入与消费支出情况的统计与分析

1. 背景与任务

城市居民的收入支出情况在一定程度上反映了当地的经济发展水平和城市居民的生活质量水平。国家统计局2014年中国统计年鉴数据,保存在"2013年分地区城镇居民人均收入来源与先进消费支出.docx"文件中。运用所给的文件,以表格和统计图表的形式,统计和分析上海、北京、天津、重庆4个城市的居民可支配收入和现金消费支出情况,反映5个城市居民的收支情况的对比。最后完成的作品以"4个直辖市城市居民收入与支出情况.xlsx"为文件名保存。

2. 设计与制作要求

(1) 设计统计表,应统计上海、北京、天津、重庆4个城市的居民的可支配收入和现金消费支出两个项目的数据。

(2) 计算4个城市居民的收入和支出的平均数据。

(3) 创建的统计表格进行格式的设置,要清晰和醒目。

(4) 制作适当的统计图,能直观表示4个城市居民收支情况的对比。对创建的统计图要进行简单的格式设置,做到简洁、明了美观。

打开光盘中的"项目六\活动二\材料\2013年分地区城镇居民人均收入来源与先进消费支出.docx"文件,根据文件中给出的数据,完成任务。

活动三 各种产品年度销售情况的统计与分析

活动要求

创新集团公司销售多种产品,每个月各产品的销售情况见表6-3-1,详细的销售统计情况放在文字处理软件的表格中。

表6-3-1 各种产品年度销售情况的统计表

产品名称	1月	2月	3月	……	10月	11月	12月
产品1	102 000	112 300	127 020	……	198 060	199 800	207 300
产品2	55 250	39 560	38 500	……	60 330	49 610	38 900
产品3	234 000	240 000	235 000	……	228 080	229 090	240 100
产品4	62 850	61 400	49 800	……	65 900	63 080	62 990

公司销售经理布置给新员工小明第三个任务,要求小明制作一份多媒体演示文稿,帮助公司统计出每种产品的年销售总额与月销售平均额,准确地分析一年来每种产品的销售情况。演示文稿中要有数据表和统计图,还要对每页演示文稿进行简单的文字分析,向公司领导分析汇报各种产品在一年中的销售变化趋势。

活动分析

一、思考与讨论

1. 如何将文字处理软件中"各种产品年度销售情况的统计表"的表格数据快速复制到电子表格软件中？

2. 在电子表格软件中，根据"各种产品年度销售情况的统计表"中的数据，应该使用什么公式或函数，计算出各种产品的一年的销售总额与月销售平均额？如何计算每个月所有产品的销售总额？

3. 如何在完成各种产品销售总额的"各种产品年度销售情况的统计表"中，快速找出年度销售额高于公司平均销售额的产品？

4. 为了能清晰地看出一年中每种产品的销售总额变化趋势，应该制作什么类型的统计图？应该选择统计表中的哪些数据来制作统计图？

5. 表示各种产品销售情况变化趋势的统计图包括哪些要素？如何设定统计图表各个要素的格式，使统计图比较美观、清晰？

6. 要制作一份"各种产品年度销售情况"的演示文稿，应该把电子表格软件中什么内容复制到演示文稿中？应该如何复制？

二、总体思路

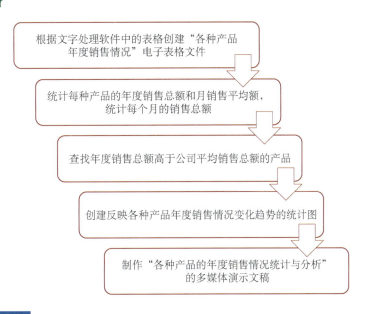

方法与步骤

一、根据文字处理软件中表格创建"各种产品年度销售情况"电子表格文档

1. 打开"各种产品年度销售情况表.docx"文件

启动文字处理软件，打开学生光盘的"项目六\活动三\材料\各种产品年度销售情况表.docx"文档文件，文件中存放是公司当年各种产品每月的销售情况，如图6-3-1所示。

 打开光盘中的"项目六\活动三\

材料\各种产品年度销售情况表.docx"文件。

2. 根据Word文档在电子表格软件中建立"各种产品年度销售统计表"

(1) 数据复制：运行电子表格软件，把文字处理软件中的标题文字"各种产品年度销售情况表"复制到电子表格软件工作表的B2单元格，把文字处理软件中的表格内容复制到电子表格软件工作表B4单元格开始的区域中。

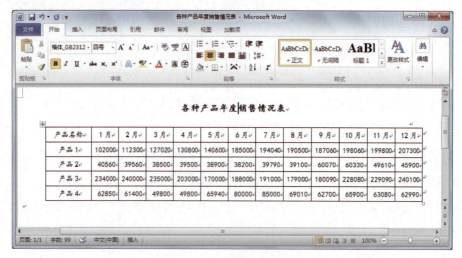

图6-3-1　各种产品年度销售情况表.docx文件

注意：使用"选择性粘贴"，粘贴方式选择"文本"，将文字处理软件中的表格标题与表格内容复制到电子表格软件的工作表中，结果如图6-3-2所示。

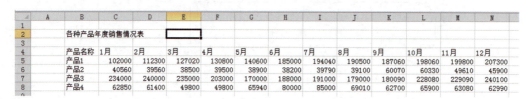

图6-3-2　表格内容复制结果

(2) 工作表名称的重命名：为了更好地管理工作表，需要按照工作表的内容对工作表重命名。默认的工作表名称为"Sheet1"，双击"Sheet1"，将其名称修改为"各种产品年度销售情况统计"。

(3) 保存文件：单击"文件/保存"，在弹出的"另存为"对话框中，选择保存位置，指定文件夹，输入文件名"产品年度销售情况统计表"，并设置保存类型为"Excel工作簿(*.xlsx)"。

二、统计每种产品的年度销售总额和月销售平均额、统计每个月的销售总额

1. 计算每个月份的销售总额

讨论：如何计算1月份的销售总额？用什么计算公式？

利用SUM函数计算每个月份的销售总额，结果如图6-3-3所示。

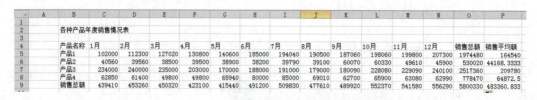

图6-3-3　销售总额与平均额的计算结果

2. 计算各种产品的年度销售总额和月销售平均额

讨论:如何每种产品的年度销售总额,用什么计算公式?

利用SUM函数计算每种产品的年度销售总额、所有产品的销售总额。

讨论:如何计算每种产品的年度销售平均额,用什么计算公式?

利用AVERAGE函数计算每种产品的年度销售平均额、所有产品的年度销售平均额,结果如图6-3-3所示。

3. 格式化产品销售额年度统计表

为了使表格更加清晰美观,需要设置表格格式,包括表格的标题、数据显示格式、对齐方式、表格的边框和底纹等。

(1) 表格标题的格式化:为了使表格标题更加醒目突出,需要设置标题的格式。选择单元格B2到P2,单击"开始"选项卡,在"对齐方式"组中选择"合并后居中"按钮,并利用其他工具设置字体、字号和颜色。

(2) 设置平均销售额的数据显示格式:在统计表中,平均销售额的数据小数位数都不一样,看起来很不美观。选择单元格P5到P9,将其数字格式设定为保留两位小数。

(3) 设置表格内容的对齐方式、字体、表格边框、底纹等,使表格各个部分的内容更加清晰。

可以自己设定表格的格式,格式化后的表格参考效果如图6-3-4所示。

各种产品年度销售情况表

产品名称	1月	2月	3月	4月	5月	6月	7月	8月	9月	10月	11月	12月	销售总额	销售平均额
产品1	102000	112300	127020	130800	140600	185000	194040	190500	187060	198060	199800	207300	1974480	164540.00
产品2	40560	39560	38500	39500	38900	38200	39790	39100	60070	60330	49610	45900	530020	44168.33
产品3	234000	240000	235000	203000	170000	188000	191000	179000	180090	228080	229090	240100	2517360	209780.00
产品4	62850	61400	49800	49800	65940	80000	85000	69010	62700	65900	63080	62990	778470	64872.50
销售总额	439410	453260	450320	423100	415440	491200	509830	477610	489920	552370	541580	556290	5800330	483360.83

图6-3-4 格式化后的统计表

三、查找年度销售总额高于公司平均销售总额的产品

1. 计算公司所有产品的平均销售总额

在单元格O12中输入"=AVERAGE(O5:O8)",计算出所有产品的平均销售总额。也可以在单元格O12中插入函数,在函数列表中选择"AVERAGE",设置函数参数为O5:O8单元格。

2. 直接查找

逐个比较每种产品的年度销售总额与公司的平均销售总额(单元格O12),找出年度销售总额超过公司平均销售总额的产品。

查找到的产品有______________________

____

3. 按照销售额由高到低排序后查找

排序即将数据表按照一定的顺序进行排列。如可以将所有产品按照年度销售总额由高到低的顺序排序,然后从上到下依次查找年度销售总额超过公司平均销售总额的产品。

(1) 选择要排序的数据区域:由于要将各个产品依照年度的销售总额的高低排序,因此数据区域应该选择单元格B4到P8。

(2) 选择"数据"选项卡,在"排序和筛选"组中选择"排序"按钮,弹出"排序"对话框,如图6-3-5所示。排序后的结果如图6-3-6所示。

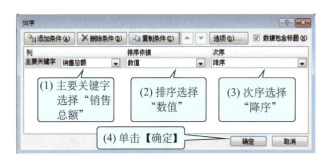

图6-3-5 "排序"对话框

各种产品年度销售情况表

产品名称	1月	2月	3月	4月	5月	6月	7月	8月	9月	10月	11月	12月	销售总额	销售平均额
产品3	234000	240000	235000	203000	170000	188000	191000	179000	180090	228080	229090	240100	2517360	209780.00
产品1	102000	112300	127020	130800	140600	185000	194040	190500	187060	198060	199800	207300	1974480	164540.00
产品4	62850	61400	49800	49800	65940	80000	85000	69010	62700	65900	63080	62990	778470	64872.50
产品2	40560	39560	38500	39500	38900	38200	39790	39100	60070	60330	49610	45900	530020	44168.33
销售总额	439410	453260	450320	423100	415440	491200	509830	477610	489920	552370	541580	556290	5800330	483360.83
													1450082.5	

图 6-3-6 根据各类产品年度销售总额排序后的结果

根据排序的结果,找出所有年度销售总额高于公司平均销售总额(单元格 O12)的产品。

查找到的产品有________________________________

4. 使用"筛选"功能查找

Excel 提供了数据"筛选"的功能,即设置一定的条件,将数据表中满足条件的单元格显示出来,不满足条件的单元格隐藏掉。

执行"撤销",取消前面的排序操作。

(1) 鼠标选择数据区域中的任何一个单元格。

(2) 选择"数据"选项卡,在"排序和筛选"组中选择"筛选"按钮,如图 6-3-8 所示,单击"销售总额"右边的三角,在下拉列表中选择"数字筛选",在下一级列表中选择"高于平均值"选项,自动筛选的结果如图 6-3-7 所示。

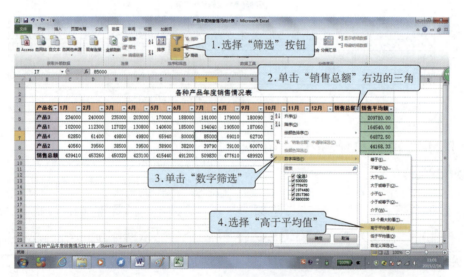

图 6-3-7 选择筛选方式

也可以在下一级列表中选择"大于"或选择"自定义筛选"选项,弹出"自定义自动筛选方式"对话框,如图 6-3-8 所示。

在弹出"自定义自动筛选方式"对话框中设定筛选条件,单击【确定】按钮,筛选结果如图 6-3-9 所示。

图 6-3-8 "自定义自动筛选方式"对话框

各种产品年度销售情况表

产品名称	1月	2月	3月	4月	5月	6月	7月	8月	9月	10月	11月	12月	销售总额	销售平均额
产品3	234000	240000	235000	203000	170000	188000	191000	179000	180090	228080	229090	240100	2517360	209780.00
销售总额	439410	453260	450320	423100	415440	491200	509830	477610	489920	552370	541580	556290	5800330	483360.83

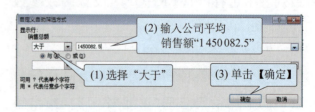

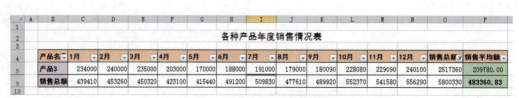

图 6-3-9 筛选的结果

5. 不同查找方法的比较

比较"手工查找"、"先排序后查找"、"自动筛选"3种查找的方法。

6. 取消筛选

再次选择"数据"选项卡,在"排序和筛选"组中选择"筛选"按钮,取消前面的筛选操作,显示出所有的内容。统计表中的数据按照产品排序。

四、创建反映各种产品年度销售情况变化趋势的统计图

讨论:

(1) 数学中常用的统计图有哪几种?要表示各种产品年度销售情况的变化趋势,应该采用什么类型的统计图?

(2) 要创建反映各种产品年度销售情况变化趋势的统计图,应该选择哪些数据?要创建反映某一种产品的年度销售情况统计图,应该选择哪些数据?

(3) 统计图的标题是什么?是否需要"图例"?为什么?

(4) 折线图包括哪几个部分?折线图的制作步骤是什么?

1. 创建当年产品1销售情况变化趋势的统计图

(1) 复制工作表:由于演示文稿中要分析各种产品的销售情况都,因此统计图最好创建在不同的工作表中,以便于保存和管理,因此需要复制工作表。

在工作表"各种产品年度销售情况统计"名称上右击,在弹出的菜单中选择"移动或复制",如图6-3-10所示,弹出"移动或复制工作表"对话框,如图6-3-11所示,建立"当年产品2的销售情况统计"的副本,单击【确定】,则在工作簿中复制了名称为"当年产品2的销售情况统计(2)"的工作表,结果如图6-3-12所示。

图6-3-10 复制工作表

图6-3-11 "移动或复制工作表"对话框

图6-3-12 复制工作表的结果

双击复制的工作表名"当年各种产品的销售情况统计(2)",将其修改为"当年产品1的销售情况统计"。

(2) 选择数据源:即创建图表的数据,由于要表示产品1的年度销售情况变化趋势,数据源应该选择(B4:N5)。

(3) 插入图表：单击"插入"选项卡，在"图表"组中选择"折线图"按钮，在下拉列表中选择带数据标记的折线图，生成的折线图如图6-3-13所示。

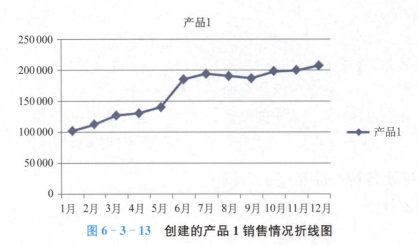

图6-3-13　创建的产品1销售情况折线图

讨论：说一说图表中各个部分的内容及作用。

(4) 设置图标的格式：格式的设置包括设置合理的布局、添加数据标签、修改图表的形状样式等。

单击图表的任何部分，菜单栏中会出现"图表工具"的"设计""布局""格式"3个选项卡，进入图表修改状态：

选择"设计"选项卡，选择合适的图表布局和图表样式，如图6-3-14所示；

选择"布局"选项卡，修改图表的标签，包括图表标题、坐标轴标题、图例、数据标签、绘图区背景等；因为折线统计图中只有产品1，因此取消图例；图表的标题改成"产品1年度销售情况统计图"；在折现统计图的折线上方显示数据标签。

选择"格式"选项卡，修改图表的"形状样式"和"艺术字样式"等。

图6-3-14　图表工具——设计

(5) 图表位置、大小的调整：调整图表的位置和大小，将其放到工作表中合适的位置。

调整图表大小：单击图表，当鼠标移到图表的边框上的尺寸控制点时，鼠标形状变成双箭头，按住鼠标左键拖动，改变图表的大小。

移动图表：单击图表的边框或图表的空白区域，按住鼠标左键将其拖动到合适的位置。

创建并修改后的统计图如图6-3-15所示。

图 6-3-15　当年产品 1 的销售情况统计图

讨论：从上面创建的折线统计图中，可以得到什么信息？

由"当年产品 1 的销售情况统计图"可知，当年产品 1 的销售呈现前低后高的趋势，在 1～7 月销售额逐月增长，在 7～12 月销售额变化不大，稳定在 190 000 元左右；其中 12 月份销售额最高，达 207 300。

为了更加清晰地反映产品 1 的销售情况，在工作表"当年产品 1 的销售情况统计"中删除统计表中其他数据，只保留产品 1 的销售数据。

2. 创建其他产品（产品 2、产品 3、产品 4）的年度销售情况统计图

使用同样的方法完成产品 2、产品 3 和产品 4 销售情况统计图的创建。

3. 创建当年各种产品的销售情况变化趋势的统计图

以上针对每一种产品的销售情况分别创建了折线图，即每个折线图只有一条折线，反映一种产品的销售变化趋势。但如果要在一张统计图上多种产品的销售情况变化趋势，就需要制作多条折线的统计图。

选择工作表"当年各种产品的销售情况统计"，创建多条折线的统计图：

（1）选择数据源：选中产品 1～4 的销售数据，即单元格 B4 到 N8。

（2）插入图表：选择"插入"选项卡，在"图表"组中的"折线图"按钮，在下拉列表中选择一个合适的折线图，生成的折线统计图如图 6-3-16 所示。

（3）为图表添加标题"当年各种产品的销售情况统计图"，并设置统计图的布局、设计和格式等，使表格更加清晰、美观。设置结果如图 6-3-17 所示。

讨论：

（1）该统计表的图例还可以删除吗？为什么？

（2）从上面创建的折线统计图中，可以得到什么信息？

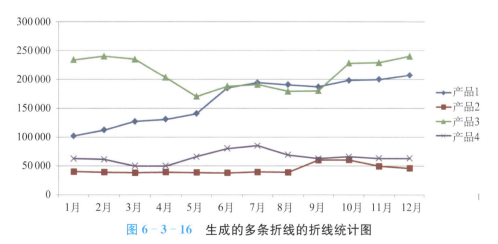

图 6-3-16　生成的多条折线的折线统计图

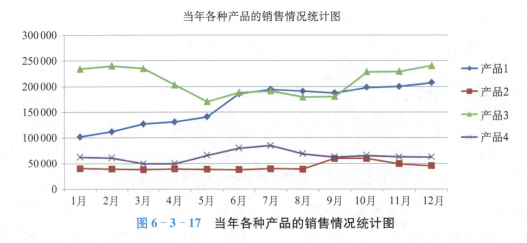

图 6-3-17 当年各种产品的销售情况统计图

通过统计图可以分析：在当年一年，销售额最高的是产品 3，其次是产品 1，产品 2 的销售额最低。产品 3 和产品 1 的销售额远远高于产品 4 和产品 2。产品 3 的销售呈现两头高、中间低的趋势，即 1~4 月及 10~12 月销售额高，5~9 月销售额较低。产品 1 的销售额呈现逐月上升的趋势，销售额的增长较快。产品 4 的销售额在 5~8 月稍高，其他月份稍低但保持稳定。产品 2 在 1~8 月销售额稳定在稍低的水平，在 9~10 月呈现上涨趋势，11~12 月又有所回落。

五、制作"当年各种产品的销售情况统计与分析"的多媒体演示文稿

1. 设计多媒体演示文稿

使用多媒体演示文稿，介绍当年 4 种产品的销售情况，幻灯片首页设计成图 6-3-18 所示。单击"所有产品情况"，显示当年各种产品的销售情况的统计表和统计图"。单击"产品 1"，显示产品 1 的销售情况的统计表和统计图，单击"产品 2"，显示产品 2 的销售情况的统计表和统计图。

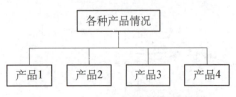

图 6-3-18 幻灯片首页的设计

2. 制作多媒体演示文稿

（1）打开 Microsoft PowerPoint 软件，新建多媒体文件"当年各种产品的销售情况统计与分析"，并保存到规定的位置。

（2）根据幻灯片首页的设计，在多媒体演示文稿软件中制作第一张幻灯片。

（3）制作"各种产品情况"的幻灯片。

输入幻灯片标题"当年各种产品的销售情况"，选择数据表"各种产品年度销售情况统计"，选择单元格区域 B4 到 P9，单击"开始"选项卡，在"剪贴板"组中选择"复制"按钮。

复制统计表。切换到"各种产品情况"的幻灯片，单击"开始"选项卡，在"剪贴板"组中单击"粘贴"按钮的向下三角箭头，在下拉菜单中选择"选择性粘贴"，在弹出的对话框中选择粘贴方式为"Microsoft Excel 工作表对象"，单击【确定】，如图 6-3-19 所示。

图 6-3-19 "选择性粘贴"对话框——复制数据表

复制统计图。切换到 Excel 文件的"当年各种产品销售情况统计"工作表，选择折

线图,单击"开始"选项卡,在"剪贴板"组中选择"复制"按钮。

切换到"各种产品情况"的幻灯片,单击"开始"选项卡,在"剪贴板"组中单击"粘贴"按钮的向下三角箭头,在下拉菜单中选择"选择性粘贴",在弹出的对话框中选择粘贴方式为"Microsoft Office 图形对象",单击【确定】,如图6-3-20所示。

增加文字分析。在幻灯片的合适位置,插入文本框,增加文字说明,对各个产品的销售变化趋势进行分析。

添加"后退"按钮。选择"插入"选项卡,在"插图"组中选择"形状"按钮,在弹出的形状列表中选择"动作按钮",在幻灯片上添加"后退"动作按钮,并设置其超级链接到第一张幻灯片。

(4) 使用同样的方法制作"产品1""产品2""产品3""产品4"的幻灯片。结果如图6-3-21所示。

图6-3-20 "选择性粘贴"对话框——复制统计图

六、开展交流与讨论

把制作的多媒体演示文稿通过电子邮件发送给教师和其他同学。收看其他同学发过来的电子邮件,浏览其他同学创建的多媒体演示文稿。

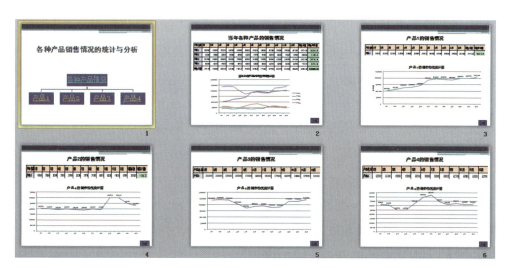

图6-3-21 "当年各种产品的销售情况统计与分析"的多媒体演示文稿

知识链接

一、图表格式的设置

1. 设置图表标题格式

单击选中图表标题,可在"开始"选项卡中,通过"字体"组中相关按钮设置标题文字的字体、字号、颜色、对齐方式等。

2. 选择(或更改)图表数据源

单击选择图表,在"图表工具"选项卡中选择"设计"选项卡,单击"选择数据"按钮,打开"选择数据源"对话框,如图6-3-22所示。

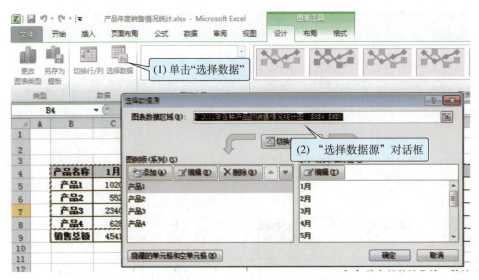

图 6-3-22 "选择数据源"对话框

3. 设置图表的"设计"格式

选择图表,在"图表工具"中选择"设计"选项卡,可在"图表布局"或"图表样式"组中设置图表的标题和图例的布局或者折线的样式等。

4. 设置图表的"布局"格式

选择图表,在"图表工具"中选择"布局"选项卡,可在"插入"、"标签"、"坐标轴""背景"、"分析"等组中设置图标的布局,包括图表标题的位置、图表标签、坐标轴、网格线的位置以及绘图区的格式等。

5. 设置图表的"格式"格式

选择图表,在"图表工具"中选择"格式"选项卡,可在"形状格式"、"艺术字样式"、"排列"、"大小"等组中设置图标的形状和艺术字的格式。

6. 图表的编辑

(1) 移动图表:选定图表后,拖动图表将其放置于适当的位置后释放按键。

(2) 改变图表大小:选定图表后,拖动图表边框上的尺寸控制点可调整图表的大小。

(3) 删除图表:选定图表后,按[Delete]键。

二、数据的排序

数据排序是将工作表中选定区域中的数据按指定的条件进行重新排列。数据排序的操作如下:

(1) 选定数据区域。

(2) 选择"数据"选项卡,在"排序与筛选"组中单击"排序"按钮,打开"排序"对话框,如图 6-3-23 所示。

(3) 打开"主要关键字"下拉列表,选择主要关键字,选择排序依据,确定按"升序"或"降序"的次序。如果需要,可单击

图 6-3-23 "排序"对话框

【添加条件】按钮,设置次要关键字、第三关键字等。

(4) 设置完毕,单击【确定】。

三、数据的筛选

数据筛选是按给定的条件从工作表中筛选符合条件的记录,满足条件的记录被显示出来,而其他不符合条件的记录则被隐藏。具体操作如下:

(1) 选定需要筛选的数据区域中的任一单元格。

(2) 选择"数据"选项卡,在"排序与筛选"组中单击"筛选"按钮,单击字段右边的下拉列表按钮,在列表中选择"数字筛选/自定义筛选方式",弹出"自定义自动筛选方式"对话框,如图 6-3-24 所示。

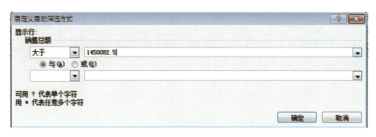

图 6-3-24 "自定义自动筛选方式"对话框

(3) 设定筛选条件后单击【确定】,即可显示满足条件的记录。

四、工作表的操作

在工作表名称上右击,弹出快捷菜单,如图 6-3-25 所示,此时可以进行工作表的插入、删除、移动和复制等。在工作表比较多的情况下,单击左侧的箭头,可依次显示所有的工作表。

图 6-3-25 工作表的管理

学生成绩的统计

1. 背景与任务

某学校 2014 级部分学生期中考试的成绩存在"成绩.xlsx"文件中。请帮助老师制作多媒体演示文稿,统计分析 2014 级学生期中考试的成绩。制作数据表和统计图,对比不同专业的学生的平均成绩,并对比分析同一个专业的学生的不同学科的考试成绩。

2. 设计与制作要求

(1) 统计每个学生 3 门学科的总成绩,以及每门学科的年级平均成绩,并设定表格的格式。

(2) 找出所有学生中总分在 240 分以上的女学生,并统计人数;统计 3 门学科成绩均在 80 分以上的学生数。

(3) 计算冶金专业学生各门学科的平均分,制作数据表,把冶金专业学生各学科平均成绩和年级所有学生各学科平均成绩进行比较。

(4) 制作统计图,分析与比较冶金专业学生各学科平均成绩和年级所有学生各学科平均成绩。

打开光盘中的"项目六\活动三\材料\考试成绩.docx"文件,根据文件中给出的数据,完成任务。

活动四　各分公司年度销售情况的统计与分析

创新集团公司下有 3 个分公司,它们分别是华东分公司、东北分公司、西南分公司。每个分公司都有许多销售人员,现在每位销售人员的销售产品及销售额情况存放在文字处理软件的表格中,见表 6-4-1。

表 6-4-1　各分公司销售员的销售业绩表

分公司	销售员姓名	产品名称	销售金额
华东分公司	销售员 1	产品 1	112 000
华东分公司	销售员 2	产品 2	125 000
华东分公司	销售员 3	产品 3	70 000
东北分公司	销售员 1	产品 3	92 000
……	……	……	……

创新集团公司的销售经理布置给新员工小明第四个任务,要求小明帮助总公司统计与分析各分公司的销售业绩,统计出每个分公司的销售总额,撰写一份统计分析报告,分析各分公司的销售业绩。分析报告中要有统计表和统计图,通过统计图能清晰地看出各分公司的销售额在公司总销售额中所占的比例。最后还要对各分公司及公司总的销售情况进行文字分析,为集团公司领导了解、分析各分公司的销售情况提供有力的依据。

活动分析

一、思考与讨论

1. 根据"创新集团公司所有分公司销售员的销售业绩统计表",如何计算集团公司的销售总额?

2. "创新集团公司所有分公司销售员的销售业绩统计表"中包含各个分公司销售员的销售业绩,要分别统计每个分公司的销售总额。

如果采用以前学过的数据"排序"和函数计算,应该先根据什么排序?根据排序结果用什么函数分别来汇总计算每个分公司的销售金额?

如果采用以前学过的数据"筛选"和函数计算,应该先根据什么筛选?根据筛选结果,用什么函数分别汇总计算每个分公司的销售金额?

有没有更加便捷的方法直接进行数据的分类与汇总?

3. 要反映每个分公司的销售额占公司总销售额的比例,应该制作什么类型的统计图?应该选择统计表中的什么数据来制作统计图?

二、总体思路

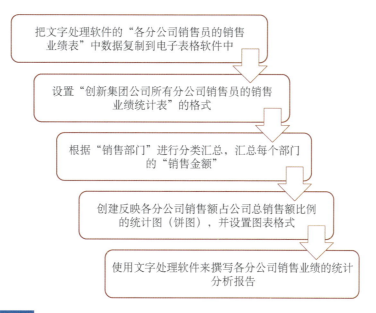

方法与步骤

一、根据文字处理软件中的表格创建"各分公司销售业绩统计表"电子表格文件

1. 打开"各分公司销售员的销售业绩表.docx"文件

启动文字处理软件,打开学生光盘的"各分公司销售员的销售业绩表.docx"文档文件,文件中存放是各分公司公司销售员的年度销售业绩,如图6-4-1所示。

打开光盘中的"项目六\活动四\材料\各分公司销售员的销售业绩表.docx"文件。

2. 根据"各分公司销售员的销售业绩表.docx"文件内容建立电子表格软件的相

各分公司销售员的销售业绩表

销售部门	销售员姓名	产品名称	销售金额
华东分公司	销售员1	产品1	112000
华东分公司	销售员2	产品2	125000
华东分公司	销售员3	产品3	70000
东北分公司	销售员4	产品3	92000
东北分公司	销售员5	产品4	534000
西南分公司	销售员6	产品1	60000
东北分公司	销售员7	产品2	252000
华东分公司	销售员8	产品4	525000
华东分公司	销售员9	产品1	98000
西南分公司	销售员10	产品2	297000
东北分公司	销售员11	产品1	96000
东北分公司	销售员12	产品2	132000
华东分公司	销售员13	产品4	132000
西南分公司	销售员14	产品3	197000
西南分公司	销售员15	产品1	210000
东北分公司	销售员16	产品4	101100
华东分公司	销售员17	产品2	160500
西南分公司	销售员18	产品3	180800
西南分公司	销售员19	产品2	90900
东北分公司	销售员20	产品3	112000

图 6-4-1　各分公司销售员的销售业绩表.docx 文件

应工作表

（1）数据复制：运行电子表格软件，把文字处理软件中的表格标题和内容复制到电子表格软件工作表的 B2 单元格开始的区域中。注意在粘贴到电子表格软件工作表中时，使用"选择性粘贴"，粘贴方式选择"文本"，将文字处理软件中的文字格式去掉。

（2）保存文件：单击"文件/保存"，在弹出的"另存为"对话框中，选择保存位置，指定文件夹，输入文件名"各分公司销售业绩统计表"，并设置保存类型为"Excel 工作簿（*.xlsx）"。

3. 格式化各销售分公司销售业绩统计表

表格格式设置结果如图 6-4-2 所示。

图 6-4-2　各销售分公司销售业绩统计表

二、统计每个分公司的销售总额

要分别统计出每个分公司的销售总额，可以采用以下两种方法：

1. 先"筛选"出每个分公司的销售员和销售数据再统计

如要统计"东北分公司"的销售总额，可以先"筛选"出所有东北分公司的销售员和销售金额，再使用求和函数进行计算。完成表格 5-4-2。

表 6-4-2　各分公司销售员的销售总额

销售部门名称	销售总额
华东分公司	
东北分公司	
西南分公司	
总计	

（1）筛选：用鼠标单击统计表中的任何一个单元格，选择"数据"选项卡，在"排序和筛选"组中选择"筛选"按钮。点击 B3 单元格"销售部门"右边的三角形，在下拉列表中选择"东北分公司"，单击【确定】即可，如图 6-4-3 所示。筛选结果如图 6-4-4 所示。

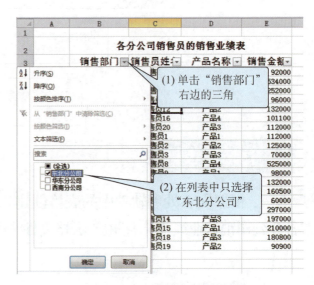

图 6-4-3　筛选条件的确定

（2）复制数据到新的工作表：选择筛选出来的单元格区域 B3 到 E23，复制到工作

图 6-4-4 "销售二部"的筛选结果

表"Sheet2"的 B2 开始的单元格区域中,并调整列宽到合适的宽度。

(3)计算总额:在 B10 单元格中输入"东北分公司总计",使用 SUM 函数,在 E10 单元格中计算出东北分公司的销售总额,如图 6-4-5 所示。

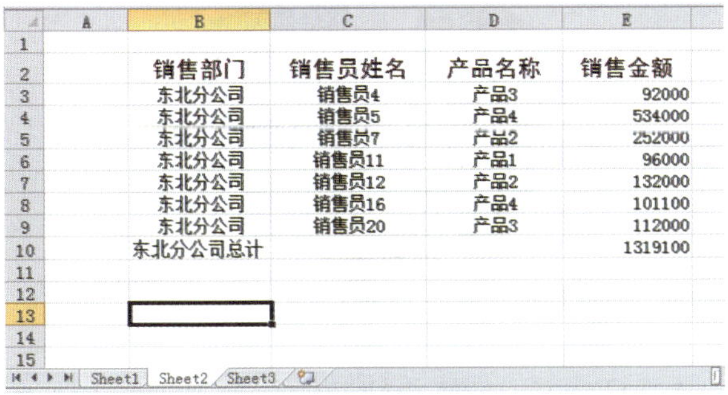

图 6-4-5 东北分公司的销售总额

(4)计算总额:使用同样的方法可以计算出"华东分公司"和"西南分公司"销售总额。

2. 使用电子表格软件的"分类汇总"功能统计

分类汇总是将数据分类统计,是 Excel 中的重要功能,可以免去大量相同的公式和函数操作。当数据表中有多个类别的数据需要分类统计时,可以使用该功能。

使用分类汇总必须先把数据按某个分类字段排序(即分类),再进行数据的求和、求平均值等的汇总。如要求每个分公司的销售总额,必须先将数据表按照"销售部门"排序,再进行"销售金额"的求和汇总。

选择工作表"Sheet1",选择"数据"选项卡,在"排序和筛选"组中选择"筛选"按钮,取消筛选操作,显示出所有的内容。

(1)数据的排序:选择单元格区域 B3 到 E23。选择"数据"选项卡,在"排序和筛选"组中选择"排序"按钮,根据"销售部门"的"升序"排列。

(2)数据的分类汇总:选择单元格区域 B3 到 E23。选择"数据"选项卡,在"分级显示"组中的"分类汇总"按钮,弹出"分类汇总"对话框,如图 6-4-6 所示。分类汇总后的结果如图 6-4-7 所示。

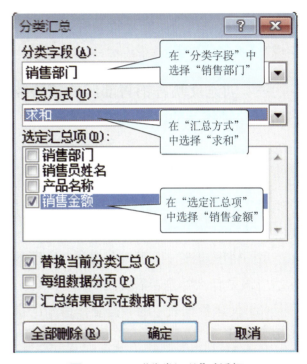

图 6-4-6 "分类汇总"对话框

图 6-4-7 根据销售部门分类汇总的结果

(3)改变显示的级别:完成分类汇总之后,在工作表的左侧增加了一列大纲级别,顶部的 1 2 3 即为大纲级别按钮,用来确定

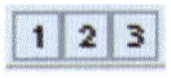

数据的显示形式。单击第二级显示级别符号 2 ,结果如图 6-4-8 所示。

图 6-4-8 分类汇总的两级显示结果

3. 两种方法的比较

比较"先筛选再统计"和通过"分类汇总"功能直接进行分类统计这两种方法。说一说"分类汇总"的用途。

三、创建反映各销售部门的销售额占公司总销售额的比例的统计图

讨论：

（1）要反映各销售部门的销售额占公司总销售额的比例,应该采用什么类型的统计图？应该选择哪些数据制作统计图？

（2）饼图应该包括哪几个部分？饼图的标题应该是什么？是否需要图例？

（3）使用数据表中的数据制作饼图的操作步骤是什么？

1. 创建 2012 年各销售部门销售情况的统计图

（1）选择创建图表的数据源,选择单元格 B3、B11、B19、B26,按住[Ctrl]键不放,再选择单元格 E3、E11、E19、E26。

（2）选择"插入"选项卡,在"图表"组中选择"饼图"的"三维饼图"中的"分离型三维饼图"。生成的饼图如图 6-4-9。

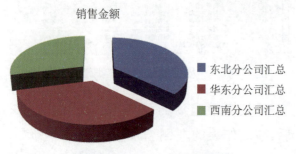

图 6-4-9 生成的饼图

2. 对统计图进行格式设置

为使创建的饼图更加合理、清晰,需设置饼图的格式,包括设置饼图的标题、布局等。

（1）修改图表标题：将光标置于标题上,将标题修改为"各销售部门销售情况的统计图",并设置合适的字体和字号。

（2）单击图表的任何部分,菜单栏上出现"图表工具"选项,可以修改图表的格式,例如选择合适的"图表布局"、"图表样式"等。

根据设计,设置图表各部分的格式,参考结果如图 6-4-10 所示。

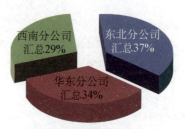

图 6-4-10 各销售部门销售情况的统计图

讨论：从上面的饼图中,可以得出什么结论？

从创建的饼图可以看出,当年东北分公司的销售业绩最高,占公司总销售额的 37％,其次是华东分公司,销售额占公司总销售额的 34％；西南分公司的销售额最低,占公司总销售额的 29％。

四、撰写一份当年各分公司销售业绩的统计分析报告

1. 设计统计分析报告

通过统计分析报告,介绍当年各销售部的销售业绩,统计报告汇总应该包括统计表和统计图,以及简要的文字分析。设置统计报告的版面布局。

2. 撰写统计分析报告

（1）启动 Microsoft Word 软件文字处理软件,新建文档文件并保存为"当年各分公司销售业绩的统计分析报告.docx"。

（2）使用艺术字输入文档标题"当年各分公司销售业绩的统计分析报告"，并设定标题的字符格式。

（3）复制统计表。切换到 Excel 文件"各分公司销售业绩统计表.xlsx"，选择单元格区域 B3 到 E27，单击"开始"选项卡，在"剪贴板"组中选择"复制"按钮。

切换到 Word 中的统计报告，将光标放在标题下方，单击"开始"选项卡，在"剪贴板"组中选择"粘贴"按钮。删除不需要的单元格，并设置表格格式。

（4）复制统计图。切换到 Excel 文件"各分公司销售业绩统计表.xlsx"，选择统计图，单击"开始"选项卡，在"剪贴板"组中选择"复制"按钮。

切换到 Word 中的统计报告，将光标放在数据表下方，单击"开始"选项卡，在"剪贴板"组中选择"粘贴"按钮。

调整统计图的大小和位置。

（5）添加文字分析。在统计图的下方，插入文本框，输入各分公司销售情况的文字分析。设置文本框的格式，并调整其大小和位置。

结果可参见图 6-4-11 所示，建议自行设计并撰写分析报告。

当年各分公司销售业绩的统计分析报告

销售部门	销售金额
销售一部 汇总	1 222 500
销售三部 汇总	1 035 700
销售二部 汇总	1 319 100
总计	3 577 300

各销售部门销售情况的统计图

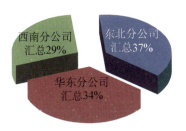

2012 年销售二部的销售业绩最高，达 1 319 100 元，占公司总销售额的 37%；

其次是销售一部，销售额为 1 222 500 元，占公司总销售额的 34%；

销售三部的销售额最低，为 1 035 700 元，占公司总销售额的 29%。

图 6-4-11 "当年各分公司销售业绩的统计分析报告"样例

知识链接

一、数据的分类汇总

分类汇总必须把数据先按某个关键字进行分类，再按照求和、求平均值等进行数据的汇总。其操作步骤为：

（1）确定要分类的字段。

（2）将数据按分类字段进行排序。

（3）选择"数据"选项卡，在"分级显示"组中选择"分类汇总"按钮，在"分类汇总"对话框中选择"分类字段、汇总方式、选定汇总项"等，如图 6-4-12 所示。

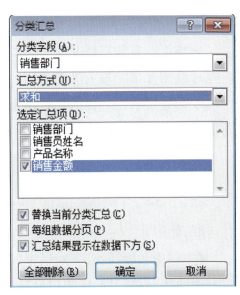

图 6-4-12 "分类汇总"对话框

二、图表的类型

(1) 柱形图:用来显示一段时间内数据的变化,或者描述不同数据项之间的对比情况。

(2) 折线图:可以显示随时间而变化的连续数据,适用于显示在相等时间间隔下数据的变化趋势。

(3) 饼图:用于显示数据系列的项目在项目总和中所占的比例。

三、页面布局

如果需要打印工作表,或进行页边距、页面背景等方面的设置,可以选择"页面布局"选项卡实现。如图6-4-13所示,可以设置页面的主题效果,进行页面设置包括页边距、纸张方向、纸张大小、打印区域的设置等。

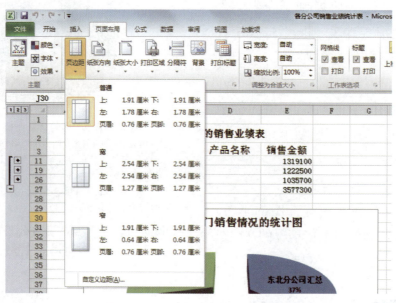

图6-4-13 "页面布局"选项卡

四、数据透视表

分类汇总只能根据某一个字段进行,也就是,要么根据销售部门,要么根据商品名称,不能同时根据几个字段分类汇总。

数据透视表是一种可以快速汇总、分析大量数据的交互式方法,可以按照数据表格的不同字段从多个角度透视并建立交叉表格,用以查看数据表格不同层面的汇总信息。

创建数据透视表的步骤如下:

1. 鼠标单击数据表的任一单元格。

2. 选择"插入"选项卡,单击"数据透视表",如图6-4-14所示,弹出"创建数据透视表"对话框,如图6-4-15所示。

在"创建数据透视表"对话框的"请选择要分析的数据"下有两个选项,由于前面已选择数据表中的任一单元格,所以已经选择"选择一个表或区域"选项,并且在"表/区域"框内内容已经自动填好。

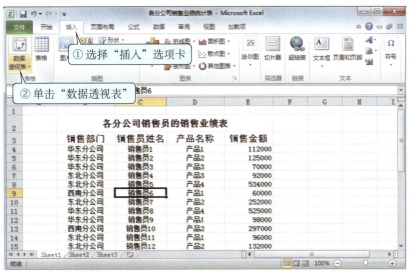

图 6-4-14 "插入"选项卡

图 6-4-15 "创建数据透视表"对话框

在"创建数据透视表"对话框的"选择放置数据透视表的位置"下有也两个选项,一个是"新工作表",表示数据透视表建立在一张新的工作表中;另一个是"现有工作表",表示数据透视表建立在当前的工作表中,同时还需要单击当前工作表中需要放置数据透视表的单元格。

选择好要分析的数据,透视表存放的位置选择了"新工作表",单击【确定】按钮,新建一个工作表,如图 6-4-16 所示。

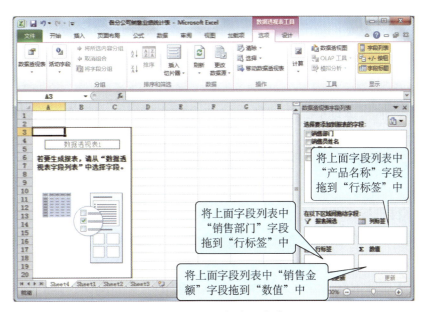

图 6-4-16 新建工作表

3. 选择要添加到数据透视表的字段,将数据透视表字段列表中的"销售部门"字段拖到"行标签"中,将"产品名称"字段拖到"行标签"中,将"销售金额"字段拖到"数值"中,结果如图6-4-17所示。

图 6-4-17　添加数据透视表字段

4. 设置数据透视表的格式,单击创建的数据透视表的任意内容,标题栏中出现"数据透视表工具"选项卡,如图 6-4-18 所示,可以编辑已经创建的数据透视表。

图 6-4-18　"数据透视表工具"选项卡

提醒　数据透视表是一种非常好的数据汇总与统计工具,其功能可以给数据汇总与分析带来很大的便捷。

学校运动会比赛成绩的统计与分析

1. 背景与任务

学校举行了运动会,运动会结束后要对成绩进行统计与分析。运动会的各项比赛在不同的地点进行,运动成绩也可能由不同的工作人员分别录入。如果查询有关运动会的成绩,要计算年级或班级团体总分,一定要把所有的比赛成绩汇总在一起。

2. 设计与制作要求

查询七年级(1)班运动会的成绩,查询获得单项第一名的同学。不少同学获得了好成绩,为各自的班级争得了荣誉,其所属的班级得到了相应的团体积分,计算每个班级的团体积分,并制作每个班级团体积分的三维条形统计图。

最后撰写运动会成绩的分析报告,分析报告中要阐述哪些同学获得了单项第一名,对每个班级的团体积分情况要有统计表和统计图,并配上文字描述。

打开光盘中的"项目六\活动四\材料\学校运动会成绩.docx"文档文件,根据文件中给出的数据,完成任务。

 归纳与小结

在日常学习和工作中,经常要处理各种各样的表格,对表格数据进行统计、挖掘、提炼后统计和分析,形成科学准确的分析报告,以便人们能获取所需要的信息,为判断和决策提供依据。

通过电子表格进行数据加工和表达的一般过程如下:

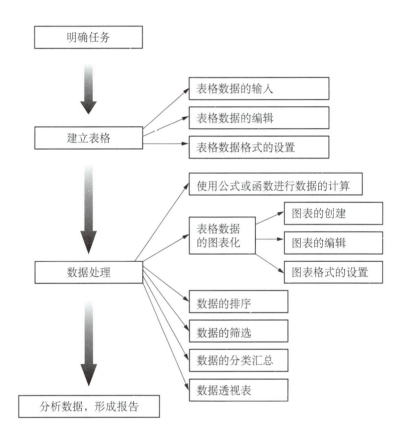

综合活动与评估

上海空气质量的查询、统计与分析

活动背景

我们每时每刻都在呼吸,一个人每天要呼吸两万多次,每天至少要与环境交换一万多升气体,可见空气质量的好坏与人的健康息息相关。人不吃饭可以活20天,不喝水可以活7天,不睡觉可以活5天,不呼吸只可以活10分钟!很显然,空气比食物和水更重要。现代医学研究表明,呼吸自然新鲜的空气能促进血液循环,增强免疫能力,改善心肌营养,消除疲劳,提高人体的神经系统功能,提高工作效率;反之则将导致头晕、乏力、烦闷、精神不振、注意力不集中等症状,日积月累,还将引发各种人体疾病。

空气质量对我们人类生活的重要性可想而知,那么我们生活的城市(上海)的空气质量如何呢?通过本次综合活动对上海的空气质量情况进行查询,在查询结果基础上进行统计与分析,以便我们对我们这个居住的城市的空气质量有一个更加清晰的认识,同时我们要更加关注城市空气质量。

活动的任务与分析

一、活动任务

1. 从上海环境监测中心的上海市空气质量实时发布系统(www.semc.gov.cn/aqi)查询去年每个月上海空气质量的相关数据。

2. 对查询的每个月空气质量数据进行汇总,汇总一个月中空气质量分别为"优""良""轻度污染""中度污染""重度污染""严重污染"的天数。

3. 制作去年1~12月空气质量的统计表,能直观地看出去年每个月中各种空气质量的天数、去年各种空气质量的天数。

4. 制作合适的统计图,对去年每月空气质量为"优"和"严重污染"的天数变化趋势进行表示。制作合适的统计图,表示一年中空气质量分别为"优""良""轻度污染""中度污染""重度污染""严重污染"的天数比例。

5. 利用多媒体演示文稿制作工具制作去年上海空气质量的分析报告。

二、活动分析

1. 小组合作学习有关空气质量的知识,讨论并明确关于上海空气质量的研究内容。

2. 从相应网站上查询并下载去年每个月上海空气质量的相关数据,如何获取网站中的相关数据?

3. 根据活动任务的要求,设计去年1~12月空气质量的统计表。统计表的各列的标题是什么?每行表示什么内容?

4. 把获取的相关数据进行相应处理后填写在设计的统计表中。由于获取的是每天空气质量的数据，而统计表中需要输入的是每月各类空气质量的天数，因此需要使用电子表格的"分类汇总"功能。根据什么字段分类，汇总方式是什么？

5. 要制作空气质量为"优"和"严重污染"的每月天数变化趋势统计图，应该选择什么样的图表类型？要制作一年中各种类型空气质量的天数比例，应该选择什么样的图表类型？

6. 把统计表与统计图复制到多媒体演示文稿中，制作上海空气质量的分析报告。

方法与步骤

一、学习与讨论

1. 学习有关空气质量的知识

（1）什么是空气质量？

_____

（2）空气污染的污染物有哪些？

（3）什么是空气质量指数？

_____

空气质量指数（AQI）范围及相应的空气质量类别对应表见表 6-5-1。

表 6-5-1 空气质量指数（AQI）范围及相应的空气质量类别对应表

空气质量指数	空气质量状况	表示颜色	对健康影响情况	建议采取的措施
0~50	优		空气质量令人满意，基本无空气污染	各类人群可正常活动
51~100	良		空气质量可接受，但某些污染物可能对极少数异常敏感人群健康有较弱影响	极少数异常敏感人群应减少户外活动
101~150	轻度污染		易感人群症状有轻度加剧，健康人群出现刺激症状	儿童、老年人及心脏病、呼吸系统疾病患者应减少长时间、高强度的户外锻炼
151~200	中度污染		进一步加剧易感人群症状，可能对健康人群心脏、呼吸系统有影响	儿童、老年人及心脏病、呼吸系统疾病患者避免长时间、高强度的户外锻炼，一般人群适量减少户外运动
201~300	重度污染		心脏病和肺病患者症状显著加剧，运动耐受力降低，健康人群普遍出现症状	儿童、老年人及心脏病、肺病患者应停留在室内，停止户外运动，一般人群减少户外运动
＞300	严重污染		健康人群运动耐受力降低，有明显强烈症状，提前出现某些疾病	儿童、老年人和病人应停留在室内，避免体力消耗，一般人群避免户外活动

2. 确定小组成员与分工

姓名	特长	分工

二、获取有关去年上海空气质量的相关数据

1. 访问相应的网站

上海市空气质量实时发布系统网址 http://www.semc.gov.cn/aqi，网站首页的右下角可以查询上海近 3 年来每天空气质量的情况。

2. 查询并导出每月的空气质量数据

查询结果如图 6-5-1 所示。

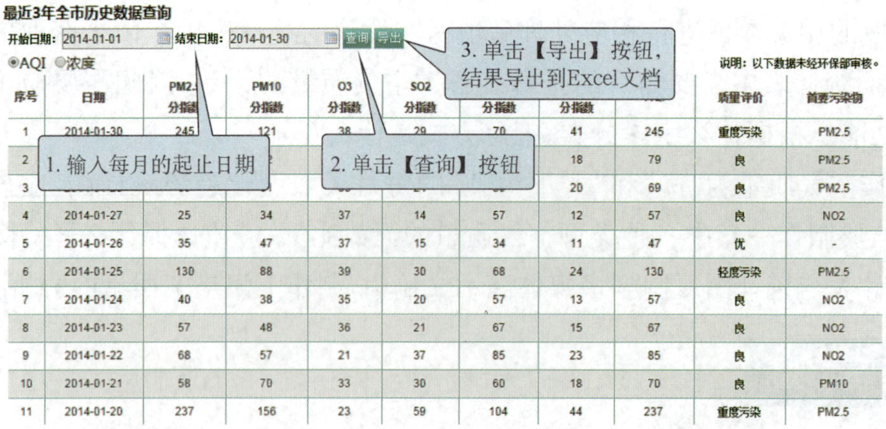

图 6-5-1 空气质量数据

三、设计去年 1 月—12 月空气质量的统计表

设计反映上海去年 1~12 月空气质量的统计表，参见表 6-5-2。

表 6-5-2　上海去年 1~12 月空气质量的统计表

月份	优（天数）	良（天数）	轻度污染（天数）	中度污染（天数）	重度污染（天数）	严重污染（天数）

四、把查询的空气质量结果数据进行汇总后填入设计的统计表

1. 把查询并下载的去年每个月的上海空气质量的 Excel 文档中数据进行排序与分类汇总。

（1）打开下载的 Excel 文档。

（2）首先要根据"质量评价"字段进行排序。

（3）根据"质量评价"字段进行分类，汇总方式选择"计数"，汇总项选择"质量评价"。

2. 根据分类汇总的结果，把一个月中各种质量评价的天数输入在统计表中。

3. 以此类推，把去年每个月的汇总结果填写在统计表中。

五、对"上海去年 1~12 月空气质量的统计表"进行统计与格式设置

1. 在统计表最后加入"合计"行，计算年度各类空气质量的天数累计。

2. 设置统计表的格式，使其合理与美观。

六、创建统计图反应年度的空气质量

1. 制作空气质量为"优"和"严重污染"的每月天数变化趋势统计图

选择相应的数据，图表类型选择"折现图"，创建统计图，并设置统计图的图表格式。

2. 制作一年中各种类型空气质量的天数比例的统计图

选择相应的数据，图表类型选择"饼图"，创建统计图，并设置统计图的图表格式。

七、创建反应年度空气质量的分析报告

根据统计表和统计图对上海年度空气质量进行分析，利用多媒体演示文稿制作分析报告。

一、综合活动的评估

根据综合实践活动,完成下面的评估检查表,先在小组范围内学生自我评估,再由教师对学生进行评估。

综合活动评估表

学生姓名:_____   日期:_____

学习目标		自评		教师评	
		继续学习	已掌握	继续学习	已掌握
1. 网上获取和处理信息的能力					
2. 根据问题的要求,规划表格的能力					
3. 恰当选择信息处理工具的能力	认识电子表格软件				
4. 工作表基本操作	工作表的认识				
	单元格数据的编辑				
	公式的使用				
	函数的使用				
5. 表格的格式化	字符的字体、字的大小与颜色				
	数据的显示格式				
	表格的边框与底纹				
	数据的对齐方式				
6. 根据实际需要,选择恰当的统计图表类型的能力					
7. 图表的操作	图表的建立				
	图表的编辑				
8. 数据的排序					
9. 数据的分类汇总					
10. 对数据统计结果进行分析的能力	根据统计图表进行有关的分析				

二、整个项目的评估

复习整个项目的学习内容,完成下面的评估表。

整个项目学生学习评估表

学生姓名:_____
在整个项目的所有活动中喜爱的活动:_____
1. 本项目中最喜欢的一件作品是什么?为什么?
_____
2. 本项目包括以下技术领域:
_____

☐ 电子表格　　☐ 文字处理　　☐ 图像处理
☐ 互联网　　　☐ 程序设计　　☐ 数据库
☐ 多媒体演示文稿☐ 网页制作

3. 本项目中哪项技能最有挑战性？为什么？

4. 本项目中哪项技能最有趣？为什么？

5. 本项目中哪项技能最有用？为什么？

6. 比较文字处理软件、电子表格处理软件、多媒体演示文稿制作软件，它们各使用哪几方面的信息处理？

7. 请举例说明在什么情况下使用文字处理软件，在什么情况下使用电子表格处理软件，在什么情况下使用多媒体演示文稿制作软件。

8. 请举例说明在什么情况下需要综合使用不同信息处理软件来解决问题。

项目七

思维导图
——创业

情景描述

每个人都有自己的理想,在职业规划上,很多人都有成为企业家的想法。大多数人想到企业家时,往往会认为:他们创办了一家能够提供有价值的产品或服务的企业,开创了新的市场领域,成为企业家是非常困难的事情,他们是凤毛麟角的一类人。然而,随着时代的快速发展,越来越多的新兴市场需求不断出现,各种新的职业也相继出现。能够提供有价值产品和服务的小型企业也可称为企业家。他们能根据自己的特点,把握时代的发展方向,产生创意,并将其付之行动。或许,你就是未来的企业家!

学会思考,并掌握有效的思维工具可以帮助你发挥大脑的潜能,在未来的学习和工作中产生决定性作用。东尼.博赞在20世纪60年代发明的思维导图,被人们称为"终极思维工具",它可以帮助你将想法有效地整理和呈现,激发发散思维和进行深度思考,使想法在不久的将来产生价值。

活动一 手绘"创业构想"的思维导图

活动要求

临近毕业,每个人对未来的职业都会有美好的憧憬。学校为每个学生的职业规划提供咨询服务,其中还包括创业指导。你想过自己创业吗?如果没有,何不趁着年轻去了解关于创业方面的内容,并进行创业的思考,或许你能创立自己的企业。

有了创业的想法,就要从不同角度去思考创业的方向。每个人的情况不同,以及每个人在不同阶段都会产生不同的想法。展开头脑风暴,尽可能发散自己的思维去思考创业的方向,以思维导图为工具,将创业的想法在纸上绘制下来,并进行适当的美化,形成自己的创业构想。创业构想为今后明确创业方向奠定基础。

活动分析

一、思考与讨论

1. 应从哪些方面思考?如何进行企业构想?
2. 你有哪些技能?基于这些技能,你最想创建什么企业来发挥你的技能优势?

3. 你的兴趣爱好有哪些？能否成为创业的源泉呢？
4. 分析过社会需求和现有的资源吗？如何基于这些现有的信息和资源开创自己的事业？
5. 如何将创业的想法用一种简单有效的方式整理和呈现出来？

二、总体思路

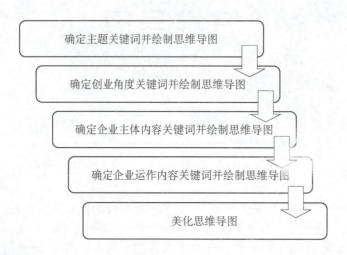

方法与步骤

一、确定主题关键词

主题是头脑风暴的出发点和核心。头脑风暴要基于主题展开，所有的想法都是围绕主题内容的，这样才能有效地思考。思维导图将主题关键词作为中心，是思维导图绘制的起点和基础，思维导图的绘制围绕中心内容展开。创业构想的活动主题是创业，因此，可以将主题关键词确定为"创业"。在绘制思维导图的时候，可以在纸张的中间位置写上主题关键词"创业"，如图7-1-1所示。

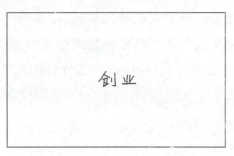

图7-1-1 创业思维导图（一）

考的角度不同，会产生不一样的想法。在确定创业内容之前，尽可能从不同角度思考，发散思维，为最终的决定提供多样选择。一般来说，可以基于技能、兴趣、社会需求、现有资源等，关键词的确定能够体现不同角度。在思维导图绘制时，将创业角度的关键词围绕分布在主题周围，并用线条连接，如图7-1-2所示。思维导图可以使用不同颜色绘制，颜色可以分层次使用，也可以分主题使用，还可以用于强调某些要点。线条的绘制可以是直线，也可以使用弯曲的线条，弯曲的线条比直线往往更有趣味。

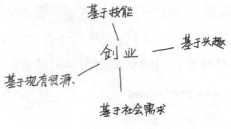

图7-1-2 创业思维导图（二）

二、确定创业角度关键词

从哪些方面着手思考创业？每个人思

三、确定企业主体内容关键词

企业主体内容体现企业的定位、核心

业务和性质。基于之前确定的不同创业角度,分别思考相应的可以创建的不同企业。如基于自身的兴趣爱好,可以创建工艺品商店、摄影社等企业,工艺品商店和摄影社就可以作为企业主体内容的关键词。将这些关键词写在"基于兴趣"思维导图节点旁,并用线条将其连接,如图 7-1-3 所示。

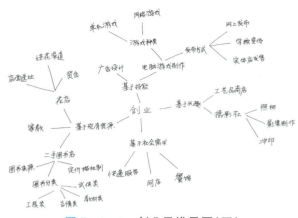

图 7-1-4　创业思维导图(四)

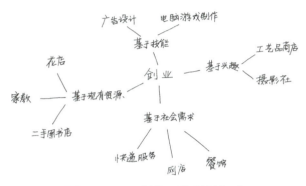

图 7-1-3　创业思维导图(三)

四、确定企业运作内容关键词

已有的企业主体可以进一步思考企业运作的相关内容,包括企业运作的流程、企业经营范围、企业产品推广方式等信息,选择部分或全部企业内容进行深入的思考和细化,将想法在思维导图上表现出来,内容呈现根据逻辑结构,可以是多层次的,如图 7-1-4 所示。

五、美化思维导图

创业构想的思维导图完成后,需要进一步的美化,一般采用绘制图像,使用多种颜色,变换字体、线条、形状,使用代码等多种方式,如图 7-1-5 所示。美化的目的不仅是为了美观,通过美化,产生视觉冲击,突显内容,激发创造力等,增强思维导图的效果。

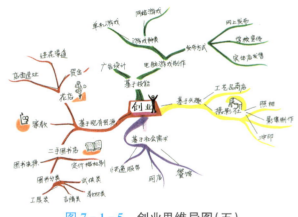

图 7-1-5　创业思维导图(五)

一、头脑风暴

当一群人围绕一个特定的兴趣领域产生新观点的时候,这种情境就叫做头脑风暴。头脑风暴让参与者无限制、自由地联想和讨论,其目的在于产生新观念或激发创新设想。

二、思维导图

思维导图又叫心智图,是表达发散性思维的有效的图形思维工具,它简单却又极其有效,是一种革命性的思维工具。思维导图是用图表表现的发散性思维。发散性思维过程也是大脑思考和产生想法的过程。通过捕捉和表达发散性思维,思维导图将大脑内部的过程进行了外部呈现。本质上，思维导图是在重复和模仿发散性思维，这反过来又放大了大脑的本能，让大脑更加强大有力。

思维导图作为一种整体思维工具，可应用到所有认知功能领域，尤其是记忆、创造、学习和各种形式的思考，日常应用也非常广泛，如用于记忆、创造性思维、决策、组织他人观点、自我分析等。

三、思维导图的十大要诀

1. 使用正确的纸笔。应根据思维导图的任务选取一张大小合适的纸，一般使用横向格式的白纸。横向页面比竖向页面能容纳更多信息，而且能与广阔的外围视野相匹配。另外还要准备很多彩笔和荧光笔。

2. 跟随大脑给中央图像添加分支。中央图像会引发大脑产生相关联想。要遵循大脑给出的层级。一开始不太可能建立良好的结构。通常情况下，好结构按照大脑的自由联想就可以自然形成。

3. 分区。主枝干包含基本分类概念，因此需要特别强调。英文字母可以用大写；次级枝干上的文字可以与主枝干有所区别。字母可大写，也可小写。

4. 使用关键词和图片。枝干上添加关键词和图片，有助于以后回想观点的内容。一个词或一幅图足矣。

5. 建立联系。不时地鸟瞰一下思维导图，寻找思维导图内容的关系。用连线、图像、箭头、代码或者颜色将这些关系表现出来。有时，导图的不同分支上可以使用相同的文字或概念。

6. 享受乐趣。放松大脑，让思维自由联想，把想法以个性化的、生动的形式写在纸上。乐趣是进行有效信息管理的关键因素，应竭尽所能让思维导图的制作过程充满乐趣。

7. 复制周围的图像。应该尽量复制其他一些好的思维导图、图像和艺术作品。这是因为，大脑天生就会通过复制并根据复制的东西再创造新图像或新概念。

8. 让自己做个荒诞的人。应该把所有"荒诞"或者"愚蠢"的想法都记录下来，特别是在制作思维导图的起步阶段，还要让别的思想也能从中流溢而出。这是因为所谓荒诞或者愚蠢的想法通常都是一些包含了重大突破口和新范式的东西。

9. 准备好工作空间或者工作环境。工作环境应该尽量舒适，让人心情愉快，以便让思维进入良好的状态。在墙上挂几张好看的画，铺上一块好的地毯，这些小改变都使工作空间变成一个受欢迎并且吸引人的好地方，哪怕脑海中没有什么明确的学习任务，也会情不自禁想去。

10. 让它难忘。大脑有追逐美的自然倾向。因此，思维导图越是引人注目和色彩丰富，记住的东西就越多。因此，要花些时间给分支和图像上色，并给整幅图像增加一些层次，添加一些装饰。

自主实践活动

随着人们生活水平的提高，交通和通信技术的不断进步，人们越来越有闲暇旅游，不仅在国内感受祖国的大好河山、城市发展和社会进步，越来越多的人开始跨出国门感受异国风情与文化。俗话说"读万卷书，行万里路"，相信你和你的同学一定也去过很多地方。请以"旅游"为主题，开展头

图 7-1-6　旅游思维导图

脑风暴,回顾你们曾经旅游的相关信息,发表对旅游的看法,说出向往旅游的地方和理由,并在图7-1-6中绘制思维导图,将内容展现出来。

活动二 使用思维导图软件展现"市场调研"想法

你是一位电脑高手,尤其在程序设计方面才华出众。基于电脑操作技能的优势,可以进行电脑游戏制作的创业。在创业之前,市场调研是非常有必要的,所谓"知己知彼,百战不殆"。使用思维导图,可以有效提高市场调研方案的制定效率。随着计算机技术的发展,思维导图软件也越来越成熟,在计算机上绘制思维导图可以提高工作效率,并方便交流与分享。本活动中,学习使用思维导图软件 XMind 来制定"电脑游戏制作"的市场调研计划,并美化思维导图。

一、思考与讨论

1. 从哪些方面进行市场调研?
2. 从哪些方面对"电脑游戏制作"的创业内容展开市场调研?
3. 如何完善市场调研计划?
4. 如何快速学会使用思维导图软件?

二、总体思路

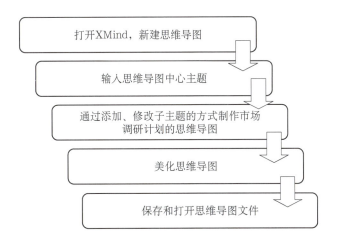

方法与步骤

一、启动思维导图软件 XMind

在"开始"菜单"所有程序"的 XMind 文件夹中单击"XMind 6"命令,如图 7-2-1 所示,启动思维导图软件 XMind 6,出现思维导图 XMind 6 的启动界面,如图 7-2-2

所示。

图7-2-1 "开始"菜单中的思维导图 XMind 命令

图7-2-2 思维导图 XMind 6 的启动界面

二、新建空白的思维导图

在思维导图 XMind 6 的启动界面里,可以选择模板,创建思维导图,在此基础上修改完成制作,也可以建立空白的思维导图。本任务从空白的思维导图开始。

有两种方法来创建空白的思维导图:从"文件"菜单中单击"新的空白图"命令或双击模板中"空白的"模板(模板中第一个内容)。

图7-2-3 新建的空白思维导图

三、输入思维导图中心主题

如图7-2-3所示在,新建的空白思维导图页面,只有一个"中心主题"。双击"中心主题",将其内容修改为"电脑游戏制作市场调研",如图7-2-4所示。在输入时,可用[Ctrl]+[Enter]换行。

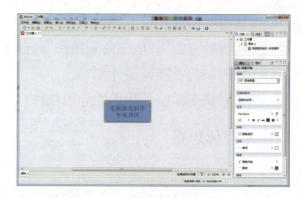

图7-2-4 输入思维导图中心主题

四、添加思维导图子主题

右击中心主题,弹出的快捷菜单中使用"插入/子主题"命令,添加中心主题下的子主题,并输入内容。要添加某个主题的同级主题(中心主题除外),选择快捷菜单中的"插入/主题"命令即可。添加子主题,初步完成市场调研思维导图的内容,如图7-2-5所示。

五、美化思维导图

使用 XMind 6 提供的功能,可以美化思

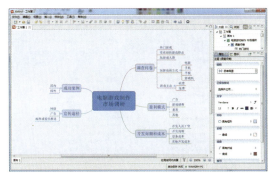

图 7-2-5　初步完成的"电脑游戏制作市场调研"思维导图

维导图：

1. 画布的美化。鼠标单击画布（思维导图页面背景），在右下角会显示画布的属性，设置背景、墙纸、图例以及一些高级特性，如图 7-2-6 所示。

图 7-2-6　画布属性窗口

2. 主题内容的美化。先单击选择该主题，然后在右下角会显示该主题的相关属性，设置结构、样式、文字、外形、外框、线条、编号等，如图 7-2-7 所示。要同时美化多个主题，可以使用鼠标圈选的方式选中多个主题，然后进行相关设置。

美化后的结果如图 7-2-8 所示。

六、保存思维导图文件

与其他软件保存文件的方法相似，单击"文件"菜单中的"另存为"命令，在弹出的文

图 7-2-7　主题内容属性窗口

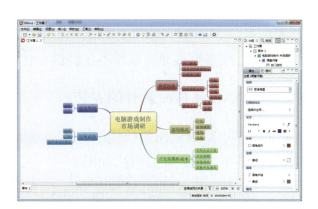

图 7-2-8　美化后的思维导图

件保存对话框中选择保存位置并输入文件名，单击【保存】按钮即可，如图 7-2-9 所示。

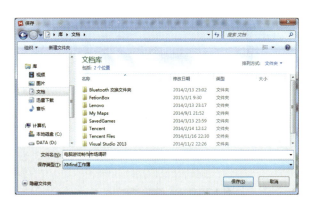

图 7-2-9　思维导图文件保存窗口

七、打开思维导图文件

打开 XMind 思维导图文件的方法与其他软件类似,启动 XMind 软件后,单击"文件"菜单中的"打开"命令,在弹出的文件打开对话框中选择文件位置和文件名,单击【打开】按钮即可,如图 7-2-10 所示。

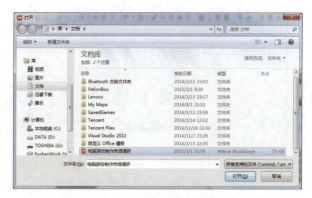

图 7-2-10　思维导图文件打开窗口

 知识链接

一、思维导图软件简介

思维导图软件是一种思维导图绘制工具,图文并重地把各级主题的关系用相互隶属与相关的层级图,表现出来,把主题关键词与图像、颜色等建立记忆链接。常见的思维导图软件有 XMind、Mindmanager、FreeMind、iMindmap、Novamind 等。

XMind 是一款使用简单的软件,可以绘制思维导图、鱼骨图、二维图、树形图、逻辑图、组织结构图等。XMind 可以打开 Freemind 和 Mindmanager 保存的思维导图文件,提供免费的开源版本(XMind Free)和收费的商业版本(XMiind Pro)。

当前,很多思维导图软件不仅提供了在电脑版本,还开发了移动设备版本。

二、XMind Free 软件的安装

1. 访问 XMind 网站(http://www.xmind.net),找到免费版本(XMind Free)的下载链接,单击链接,下载安装程序,如图 7-2-11 所示。

2. 双击运行 XMind 软件安装程序,根据提示安装 XMind 思维导图软件,如图 7-2-12 所示。

图 7-2-11　XMind 软件网站窗口

图 7-2-12　XMind 安装程序运行界面

三、XMind中主题对象外框和标签

1. 外框的添加和修改

如果某几个主题的内容有一定的相关性,可以给它们添加外框来说明它们之间的这种属性,如图7-2-13所示。不同外框之间还可以通过文字、属性的变化区分。添加外框步骤:

(1) 选中一个或者多个主题。

(2) 用鼠标右键,在弹出的快捷菜单中选择"外框"。

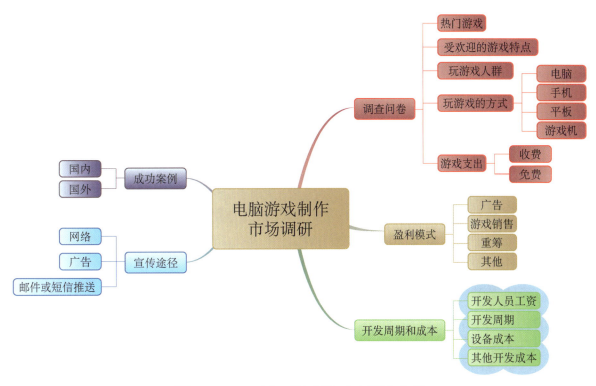

图 7-2-13 为"开发周期和成本"添加外框

按照下列步骤添加外框的描述:

(1) 选中需要添加文字描述的外框。

(2) 双击外框上出现的文字框。

(3) 在文字框中添加必要的描述文字。

按照下列步骤修改外框的属性:

(1) 选中外框。

(2) 打开属性视图。可以调整视图的下列属性:外框的形状、透明度、背景颜色,线条的样式、宽度、颜色,外框描述文字的字体、大小、颜色。

2. 标签的添加和删除

标签是附着在主题底部的底色是黄色的,用来分类、标注此主题的文字。一个主题可以拥有多个标签,它们彼此用逗号隔开,如图7-2-14所示。在图标视图中,不仅可以看见所有的标签,而且还可以使用这些标签进行过滤。按照下列步骤创建标签:

(1) 选中主题。

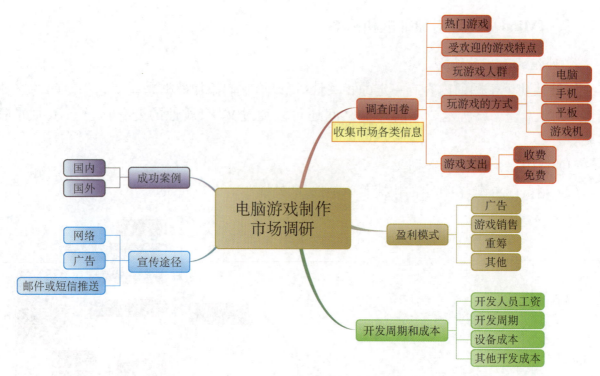

图 7-2-14 为"调查问卷"添加标签

(2) 单击鼠标右键,在弹出的快捷菜单中选择"插入/标签"。

(3) 在输入框中输入希望添加的标签内容。

(4) 按回车键键确认完成输入。

按照下列步骤编辑已有的标签:

(1) 选中主题。

(2) 打开标签输入。

(3) 直接修改已有的标签内容。

(4) 按回车键键结束。

按照下列步骤删除已有的标签:

(1) 选中主题。

(2) 打开标签输入。

(3) 删除已有的标签文字。

(4) 按回车键键结束。

 自主实践活动

基于活动一的"自主实践活动"绘制的以"旅游"为主题的思维导图,使用 XMind 软件将其绘制成电子版的思维导图,并适当美化。

活动三　使用思维导图软件进行"创业案例分析"

创业成功并不容易,会遇到很多的挫折与困难。学习他人的成功经验可以少走弯路,提高创业成功的可能性。阅读并分析创业案例,是一种学习他人创业经验的有效方式。近几年来,网络电商发展迅速,很多老百姓利用电子商务平台取得了成功。分析创业案例《刘冬:四川青神男开网店卖香肠腊肉一年赚千万》,结合思维导图梳理框架,充分发挥思维导图软件XMind的功能,对思维导图进行美化,凸显分析结果,从而学习刘东创业案例成功的经验。并将思维导图导出成图片格式,用于演示文稿制作,增强演讲效果,方便将刘东创业案例的经验与他人分享。

 打开光盘中"项目七　活动三案例:《刘冬:四川青神男开网店卖香肠腊肉　一年赚千万》.docx"文件,分析案例。

一、思考与讨论

1. 应从哪些方面分析刘东的网店创业案例?
2. 在刘东网店创业案例中,有哪些成功的经验可以借鉴?

二、总体思路

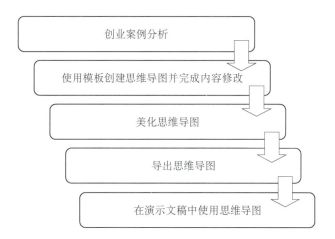

方法与步骤

一、创业案例分析

仔细阅读案例,从不同角度梳理内容,并不断细化和完善。提炼创业中的经验,然后形成框架,作为思维导图的内容基础。在这个过程中,尽量与同伴展开讨论,使得分析更加全面和深入。

二、使用模板制作思维导图

利用 XMind 6 思维导图软件提供的模板创建思维导图，可以提高工作效率，有时还有助于内容的分析。

启动 XMind 6 后，在启动界面就能看到 XMind 6 提供的各种模板（参见图 7-2-2）。双击要选择的模板图标，使用该模板来创建思维导图。根据创业案例分析的内容，本任务选择"六项思考帽"模板来创建案例分析的思维导图，如图 7-3-1 所示。

图 7-3-1 "六项思考帽"思维导图模板

如图 7-3-2 所示，通过对模板内容的修改，完成创业案例分析思维导图的制作：

1. 修改模板中的文字内容。双击需要修改的文字内容，即可修改。

2. 添加思维导图子主题。右击需要添加子主题的主题，选择在弹出的快捷菜单中选择"插入/子主题"命令，输入内容。

3. 删除思维导图子主题。右击需要删除的子主题，选择弹出的快捷菜单中的"删除"命令，删除子主题。

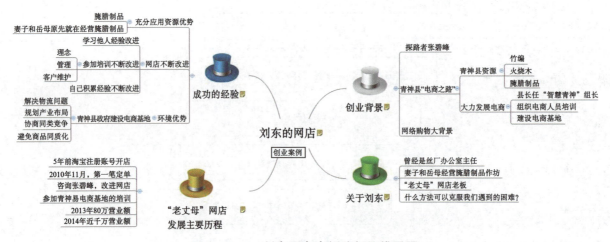

图 7-3-2 刘东网电案例分析思维导图

三、美化思维导图

思维导图模板已有一定的美化，但还可以进一步根据需要提高思维导图。除了之前学习的画布和主题内容的美化功能，还可以根据需要在（子）主题内容中添加图标来突出内容，同时起到美化的效果，如图 7-3-3 所示。

图 7-3-3　添加图标美化案例分析思维导图

1. 选择需要添加图标的(子)主题。

2. 选择"视图"菜单中的"图标"命令,在右侧的窗口中会显示图标窗口,如图7-3-4所示。

3. 单击需要的图标,即可将图标添加到(子)主题内容中。

添加后图标可以修改。同类图标内容的修改方法为:

1. 单击思维导图中的图标,会显示当前图标所在类别的所有图标列表,如图7-3-5所示。

2. 单击选择想要更改的图标。

删除图标的方法为:

1. 右击需要删除的图标。

2. 在弹出的快捷菜单中选择"删除"命令,如图7-3-6所示。

图 7-3-6　删除图标

四、导出思维导图

制作完成的思维导图默认以 XMind 格式保存(.xmind),如果需要在其他软件中打开,需要使用 XMind 提供的导出功能。XMind 提供了很多导出格式(目标),大部分需要付费升级为商业版本后才能使用,其中,免费版本提供了图片、FreeMind、HTML、纯文本等格式的导出功能。

在演示文稿中使用创业案例分析的思维导图,可以使用 XMind 6 免费提供的图片导出功能将其保存为图片格式,以便在演示文稿中使用。操作方法为:

1. 在当前打开的创业案例分析思维导图中,打开"文件"菜单,选择其中的"导出"命令。

2. 如图7-3-7,所示在"导出"窗口中,选择"图片"类型文件夹中的"图片",单击

图 7-3-4　图标窗口　　图 7-3-5　更改图标

【下一步】。

图 7-3-7　"导出"窗口

3. 在"导出为图片"窗口中,选择导出图片的格式,选择路径并输入文件名,单击【完成】,导出文件。

五、在演示文稿中使用思维导图

由于创业案例分析的思维导图已经通过 XMind 6 提供的"导出"功能保存为文件,只要在演示文稿中通过插入图片的功能就可以将其应用到幻灯片中,如图 7-3-8 所示。

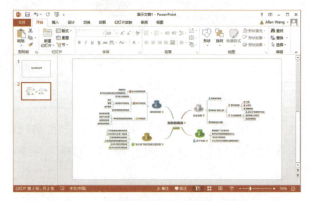

图 7-3-8　在 PowerPoint 中插入思维导图

进一步完善演示文稿的内容,通过演示文稿展示创业案例分析的信息。

知识链接

一、XMind 中的工作簿

每一个 XMind 文件都是一个工作簿,每个工作簿可以有多张相互独立的思维图,如图 7-3-9 所示。可以创建多张思维图,修改名字。

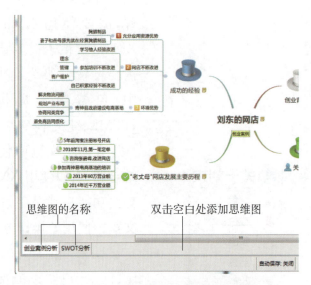

图 7-3-9　"工作簿"中思维图的添加

按照下列两种方法中的任意一种来创建多张思维图:

1. 双击 XMind 底部的空白处。
2. 选择"插入"菜单中的"新画布"命令。

按照下列步骤对单张思维图进行相关操作：
1. 选中某张思维图的名字。
2. 右击思维图的名字，打开快捷菜单。
3. 选择快捷菜单中的相应命令对思维图进行重命名、删除、保存等操作，如图 7－3－10 所示。

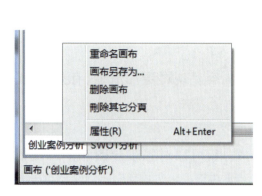

图 7－3－10　"工作簿"中思维图的修改

图 7－3－11　SWOT 分析二维图

二、XMind 其他类型的思维图

在 XMind 6 软件中，除了常规的思维导图，还有通过 XMind 提供的模板，绘制不同类型的思维图。除了思维导图，XMind 还提供了流程图、组织结构图、鱼骨图、二维图等模板等。SWOT 分析就是二维图的一种应用模板，如图 7－3－11 所示。

每年年底，学校都会举行迎新活动，迎接新年的到来。请你与同学合作，策划一次班级或学校活动，使用思维导图软件 XMind 将总体方案、活动流程、人员分工等信息分别绘制成思维导图，并在演示文稿中使用这些思维导图介绍整个活动的详细信息。

综合活动与评估

企业计划制定

企业计划对创办一个企业是非常有用的，有助于高效地按流程建立企业，并且有助于投资者和其他利益相关方了解企业理念和实施情况。企业计划主要描述了企业目标、背景信息、产品和服务详情以及实现目标的方法，同时它包含了企业想法、实施步骤以及创办企业有

关的内容。请制作一份较完整的企业计划,充分考虑企业运营的各个方面。

1. 企业计划通常由哪些内容组成?

企业计划是为企业的创建和运营进行周全思考而制定的策划方案,通常由企业概述、企业介绍、市场调研、市场推广战略、运营计划、组织结构、财务计划、结论几个方面内容组成。

2. 如何展开企业计划的制定?

在企业计划制定的过程中,充分展开头脑风暴,发挥好每位成员的优势和资源,使用思维导图工具帮助计划的制定。

3. 如何展现企业计划?

应用思维导图软件和演示文稿软件可以将展示内容呈现得更加清晰、有条理,提升展示的效果,使企业计划内容更容易被他人理解。

4. 如何提升企业计划展示的效果?

对展示内容进行设计和包装,可以提升展示的效果,可以对思维导图和演示文稿进行适当的美化,发挥团队中有设计才能成员的特长。

一、以企业计划为内容开展头脑风暴

建立合作团队,以企业计划为内容开展头脑风暴,以企业计划的 8 个方面为主线,进一步拓展企业计划的内容。充分调动大家的积极性,共同讨论内容。可以使用思维导图工具帮助开展头脑风暴,并整理头脑风暴的成果。思维导图的绘制可以是在计算机上,也可以是在其他媒介上(纸张、黑板等)。

二、分工细化企业计划的各项内容

团队成员通过头脑风暴在对企业计划整体讨论的基础上,需要对企业计划的各个方面进一步细化内容,可以对组内成员进行分工后合作进行,提高工作效率。在细化企业计划各项内容的过程中,也可以使用思维导图工具建立大纲,然后整理成文字材料。

三、制作思维导图和演示文稿

将企业计划制作成演示文稿,要精炼、有条理。将企业计划中一些内容制作成思维导图并导入到演示文稿中,使内容的呈现更加清晰,使你企业计划演示文稿更具特色。

四、美化思维导图和演示文稿

在观看企业计划的演示文稿时,如果能提升视觉效果,会对企业计划内容的认可起到积极作用。因此,要进行演示文稿和思维导图的美化。在这上面花些时间,会起到意想不到的效果。

五、企业计划展示与演讲

企业计划的展示之前,需要做好展示的充分准备,有创意的展示将给人留下深刻印象。企业计划内容的演示要与演讲充分配合,演示文稿是为演讲者的表达服务的,千万不能喧宾夺主。

一、综合活动的评估

根据综合实践活动,完成下面的评估检查表,先在小组范围内学生自我评估,再由教师对学生进行评估。

综合活动评估表

学生姓名:_____　　　　　　　　　　　　　　　　　　　　　　　日期:_____

学习目标		自评		教师评	
		继续学习	已掌握	继续学习	已掌握
1. 思维导图的基本操作	在纸上绘制思维导图 用思维导图进行头脑风暴和创意设计				
2. 思维导图软件的基本操作	思维导图文件的建立 思维导图绘制 思维导图修改 思维导图保存				
3. 思维导图软件的增强功能应用	思维导图修饰 思维导图中图片的使用 思维导图导出				
4. 数据收集、发现问题,提出解决问题的策略	数据收集与分析 问题的发现与对策 解决问题方案的制定				
5. 演示文稿的操作	演示文稿中插入思维导图 将内容提炼制作成演示文稿 使用演示文稿进行演讲				

二、整个项目的评估

复习整个项目的学习内容,完成下面的评估表。

整个项目学生学习评估表

学生姓名:_____
在本项目的所有活动中喜爱的活动:
_____
1. 本项目中最喜欢的一件作品是什么?为什么?
_____
_____

2. 本项目的学习活动包括以下哪些技术领域:
　　□文字处理　　　　□图片处理　　　　□演示文稿
　　□思维导图　　　　□程序设计　　　　□网页制作
　　□多媒体演示文稿　□电子表格
3. 本项目中哪项技能最有挑战性?为什么?
_____

4. 本项目中,你对必须学习的哪项技能最有兴趣?为什么?

5. 本项目中哪项技能最有用?为什么?

6. 除了 XMind,你还使用过其他思维导图软件吗?你最喜欢哪个思维导图软件?为什么?

7. 通过本项目的学习,你觉得哪些情况下你会使用思维导图?为什么?

项目八

信息交流

——学生会招新纳贤活动

情境描述

星光职业技术学校学生会准备开展新学年的招新活动。以往都是张贴校园招募广告或是各部长到各班级宣传。在信息化校园的大背景之下,学生会希望通过各种信息化手段大力提高宣传力度,广泛收集相关信息,同时也提高活动效率,采用多元化交流手段展开招募活动。

使用信息化手段进行交流的方法有很多。在即时交流方面,首先需要在各平台上下载和安装即时交流软件(常用的软件包括 QQ、微信、飞信等),然后注册获取相应的账号,邀请好友即可以交流。在这些软件中可以传递文本、声音、图片、动画、视频等各种类型文件。另一种常用交流方式是电子邮件,有两种,一是用客户端软件收发邮件,二是在网页直接收发邮件。

活动一 学生会收集各部门招新内容

活动要求

星光职业技术学校学生会正在筹备 2015 年招新纳贤活动,活动筹备组为了信息交流便捷,特意建立了一个"招新纳贤"QQ 群,要求每个部门根据公告栏中所提供的模板填写招新需求,并在截止时间前发在 QQ 群中。

宣传部部长王子明同学接到任务,要求新建一个 QQ 群,用于公布招新纳贤最新进展,并讨论和收集各部门招新需求。

活动分析

一、思考与讨论

1. 学校学生会有几个部门?招纳新成员是在每年的几月份?招纳新成员的活动通常采用什么形式?

2. 班级中有几位学生会成员?你认为要成为学生会成员需要具备哪些条件?你是否参加过学生会招新的活动?你是通过什么渠道知道学生会招新活动的?

3. 你知道有哪些常用即时通信软件？

二、总体思路

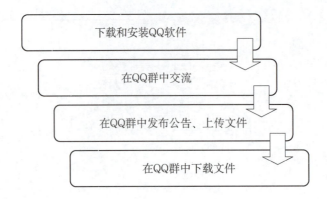

方法与步骤

一、下载和安装 QQ 聊天软件

QQ 聊天软件是目前最常用的即时聊天工具之一。下载该软件的方法比较多，本项目使用 360 安全卫士软件下载。

1. 运行 360 安全卫士软件。单击"软件管家"选项，如图 8-1-1 所示，打开软件管家面版，如图 8-1-2 所示。

图 8-1-1　单击"软件管家"选项

图 8-1-2　"软件管家"面版

2. 在搜索框中输入关键字"QQ"，单击【搜索】按钮，在搜索面版中出现了与之相匹配的相关软件，选择"腾讯 QQ 6.9"，将光标移至【一键安装】按钮，如图 8-1-3 所示，出现"去插件安装"字样后单击鼠标，安装 QQ 软件，如图 8-1-4 所示。

图 8-1-3　腾讯 QQ 6.9 一键安装

图 8-1-4　去插件安装

3. 自动安装完成后，在桌面中出现快捷方式图标 ，双击该图标，打开 QQ 聊天工具。

二、在 QQ 群中交流

1. 运行 QQ，点击"群/组讨论"选项，打开 QQ 群界面，单击"群/组讨论"下拉按钮，选择"创建一个群"选项，如图 8-1-5 所示。

项目八 信息交流 197

图8-1-5 创建群

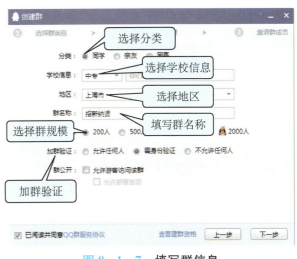

图8-1-7 填写群信息

2. 创建群的步骤,分别是"选择群类别""填写群信息""邀请群成员"。

3. 在"创建群"面版中,在"选择群类别"面版中选择"同事.朋友",如图8-1-6所示,进入"填写群信息"面版,在分类中点选"同学"选项,学校信息选择"中专",地区选择"上海市",群名称为"招新纳贤",群规模选择"200人",加群验证选择"需身份验证",如图8-1-7所示。在邀请群成员中打开"好友列表",选择好友,点击【添加】按钮。选择需要添加的成员,点击【完成创建】按钮,如图8-1-8所示。

图8-1-8 邀请群成员

4. 双击"招新纳贤"群组图标,如图8-1-9所示,打开对话框,在聊天区域中输入

图8-1-6 选择群类别

图8-1-9 QQ群

"大家好,欢迎大家加入该群!"字样,如图 8-1-10 所示。

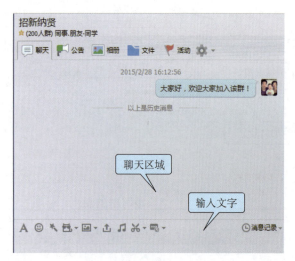

图 8-1-10　输入文字

三、在 QQ 群中发布公告、上传文件

1. 发布公告

(1) 打开"招新纳贤"QQ 群,点击"公告"图标,进入发布公告面版,点击"发布新公告",如图 8-1-11 所示。

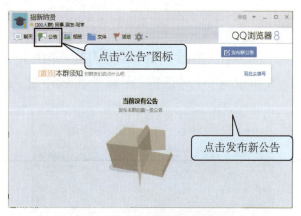

图 8-1-11　发布公告面版

(2) 在"标题"区域输入公告标题,在文字区域输入公告内容,完成输入内容后,点击【发布新公告】按钮,如图 8-1-12 所示。在聊天区域会弹出群公告提示,如图 8-1-13 所示。

2. 上传文件

打开"招新纳贤"QQ 群,点击"文件"图标,进入上传文件面版,点击"上传"按钮,

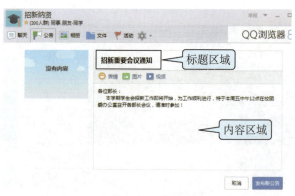

图 8-1-12　发布新公告

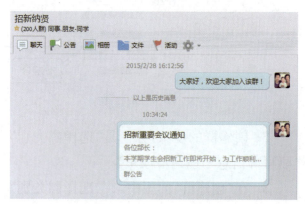

图 8-1-13　群公告提示

在打开的对话框中,打开相应文件,上传文件,如图 8-1-14～8-1-17 所示。文件上传成功后,在聊天面版中有新文件提示。

图 8-1-14　文件面版

图 8-1-15　选择上传文件

图 8-1-16 文件上传成功

图 8-1-18 下载文件

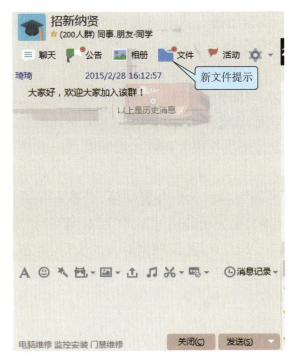

图 8-1-17 新文件提示

图 8-1-19 选择保存目录

四、在 QQ 群中下载文件

1. 打开"招新纳贤"QQ 群,点击"文件"图标,点击"下载"按钮,选择"另存为"选项,如图 8-1-18 所示,选择保存目录,保存文件,如图 8-1-19 所示。

五、认真检查与交流分享

1. 认真检查

（1）检查是否成功安装 QQ 聊天工具。

（2）能否在 QQ 群交流。

2. 交流分享

（1）在安装软件时是否遇到问题,最后用什么方法解决问题的?

（2）在聊天过程中要注意哪些事项?

（3）在同学中,网上聊天除了 QQ 以外,还有哪些方法?

一、即时通信工具介绍

即时通信(Instant Messaging,IM),即基于互联网的即时交流,是目前 Internet 上最为流行的通信方式,各种各样的即时通信软件也层出不穷;服务提供商也提供了越来越丰富的通信服务功能。不容置疑,Internet 已经成为真正的信息高速公路。

二、即时通信工具特点

1. 即时性

商机常常存在于瞬间,国际贸易的达成离不开信息的及时沟通。即时通信工具的运用为双方的沟通创建了渠道。像电话沟通的方式一样,在一方提出问题后,另一方可以及时了解并答复。多数情况下需要双方互相提出问题,进行双向的沟通。可以说,在这一方面,即时通信工具的作用与电话的效果是相当的。比如在一个询价过程中,买方提出一种产品需求,希望卖方确认是否可以生产并报价。卖方为了确认产品的具体细节,需要向买方反向询问。如果标的物指标无法统一,双方可以通过即时通信的方式,迅速有效地达成双方都可以接受的标准,进而促成合作。而传统的邮件沟通方式是无法实现这一点的。

2. 直观性

国际贸易中的交易实体分处不同的国家或地区,空间距离较远。实体间的沟通受此限制,很少采用面对面的洽谈方式来达成交易。另一方面,在各种商务洽谈之中,面对面的洽谈更能促进双方了解,使之顺利达成交易。这一矛盾能否解决在很大程度上影响着国际贸易的发展速度。

即时通信工具的出现实现了贸易主体沟通的"当面"沟通,无论身置何处,只要有条件使用即时通信工具,特别是通过即时通信工具提供的音频、视频功能便可实现"面对面"的交流。双方如同坐在谈判桌旁一样倾听对方的发言,表达自己的观点,甚至根据对方的表情、神态变换谈判的思路,灵活运用谈判的技巧,最终达成交易。这些优势显然是电子邮件或者电话方式所没有的。

3. 廉价性

国际贸易主体在市场经济条件下都有一个共同的目标:追求贸易利润的最大化。而利润的最大化不外乎两个方面的作用。第一、降低营销成本;第二、提高营销收入。在国际市场日益成熟的今天,市场信息趋向透明,贸易主体间的竞争日趋激烈。在产品质量相同、货相似的前提下,价格成为赢取市场的关键因素之一。所以,一般来讲,依靠提高价格来实现增加收入的方法是贸易主体所不愿或者不能选择的。此时,只能是尽可能的降低成本。通信成本作为成本的主要构成部分之一,降低的程度备受关注。

三、即时通信工具用途

即时通信除了能加强网络之间的信息沟通外,最主要的是可以将网站信息与聊天用户直接联系在一起。通过网站信息向聊天用户群及时群发送,可以迅速吸引聊天用户群对网站的关注,从而加强网站的访问率与回头率。

四、即时通信工具种类

1. 个人即时通信

个人即时通信,主要是以个人(自然)用户使用为主。开放式的会员资料、非赢利目的,方便聊天、交友、娱乐。如 Anychat、YY 语音、IS、QQ、网易 POPO、新浪 UC、百度 HI、盛大圈圈、移动飞信、LAHOO(乐虎)、LASIN(乐信)、FastMsg、蚁傲等,此类软件,以网站为辅、软件为主,免费使用为辅、增值收费为主。

2. 商务即时通信

此处商务泛指买卖关系。商务即时通信,常用的有企业平台网的阿里旺旺贸易通、阿里旺旺淘宝版、慧聪 TM、QQ(拍拍网,使 QQ 同时具备商务功能)、MSN、Anychat、阳光互联 Lync 等。商务即时通信的主要功用,是寻找客户资源或便于商务联系,以低成本实现商务交流或工作交流。以中小企业、个人实现买卖,外企方便跨地域工作交流为主。借助多方互联的信息手段,把分散在各地的与会者组织起来,通过电话进行业务会议、沟通。

3. 企业即时通信

企业即时通信是以企业内部办公为主,建立员工交流平台,减少运营成本,促进企业办公效率,或者以即时通信为基础,整合相关应用。企业通信软件已被各类企业广泛使用,例如,信鸽、Anychat 即时通信、Active Messenger、网络飞鸽、腾讯 RTX、Arrow IM、叮当旺业通、微软 Microsoft Lync、阳光互联 Lync、大蚂蚁 BigAnt、Anychat、IBMLotus Sametime、互联网办公室.imo、腾讯 EC 营销即时通、中国移动.企业飞信、FastMsg、蚁傲、中电智能即时通信软件等。

4. 网页即时通信

在社区、论坛和普通网页中加入即时聊天功能,用户进入网站后可以通过右下角的聊天窗口跟同时访问网站的用户进行即时交流,从而提高了网站用户的活跃度、访问时间、用户黏度。把即时通信功能整合到网站上是未来的一种趋势,这是一个新兴的产业,已逐渐引起各方关注。

星光职业学校演讲大赛

1. 背景与任务

星光职业学校学生会准备组织一次全校的演讲比赛。为了使比赛更贴近学生并富有创意,学生会建立了 QQ 群,邀请各班级宣传委员加入,在 QQ 群中可以相互交流想法,并且传递最新比赛信息和资料。

2. 设计与制作要求

(1) 下载与安装 QQ 软件
(2) 建立一个"演讲比赛"QQ 群,邀请各班级宣传委员加入。
(3) 在 QQ 群中发布公告,上传资料
(4) 在 QQ 群中下载资料

活动二　各部门递交宣传资料

在 2015 年招新纳贤活动筹备过程中,工作组为了信息交流便捷,建立了一个"招新纳贤"

微信群,要求各部门根据活动要求提交宣传材料,包括图标、海报等。

宣传部部长李慧同学接到任务:新建一个微信群,用于实时沟通"招新纳贤"最新进展,并讨论和收集各部门宣传材料。

活动分析

一、思考与讨论

1. 学校学生会有招新海报吗?你认为学生会招新海报应该有哪些内容?
2. 你愿意加入学校学生会吗?如果愿意,你最想加入哪个部门?
3. 你知道微信吗?你有微信账号吗?在什么情况下,你会使用微信?

二、总体思路

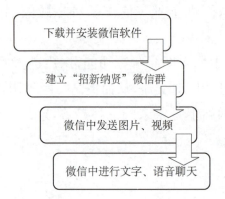

方法与步骤

一、下载并打开微信

微信是时下最流行、使用最广泛的一款即时通信软件,有手机版和网页版两种版本。网页版只需在电脑上打开浏览器,在地址栏键入"wx.qq.com"并回车,进入页面后在手机版微信上使用"扫一扫"功能即可正式进入网页版微信。网页版微信的功能较少,仅有进行功能。

手机版微信有多种下载方式:

(1)通过浏览器进入微信的官网"weixin.qq.com",首页即有下载链接。

(2)安卓手机进入安卓市场、Google Play(小米手机可进入软件下载中心)等软件下载平台,搜索"微信"下载。

本项目以苹果手机为例详细介绍微信在 App Store 的下载方法,安卓手机可参考,下载方式与过程基本相同:

1. 在手机桌面找到 App Store 的图标,点击进入苹果手机图案件的搜索与下载中心,如下图 8-2-1 所示。

2. 进入 App Store 后,在屏幕底部分别有"精品聚焦""排行榜""探索""搜索""更新"等 5 个标签,点击"搜索"标签,直接进入精确关键字搜索的界面。在屏幕上方的输入框中键入关键词"微信",系统会自动弹出高频搜索词汇,点击第一条"微信"即可,如图 8-2-2 所示。

3. 在搜索结果中,点击第一条结果"微信"会出现如图 8-2-3 所示页面。若本机已下载过微信,则可直接点击"打开";若使用的 Apple 账户曾经下载过微信但本机未安装,则

项目八　信息交流

图 8-2-1　点击 App Store 图标

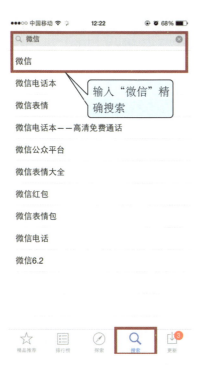

图 8-2-2　在搜索标签中搜索

该按钮显示为"获取"或显示为 iCloud 的云端图标；若从未下载过该软件，则该按钮显示为"下载"，点击后直接下载即可。

4. 下载完成的微信会显示在桌面上，点击图标即可进入微信主界面。在底部有 4 个标签，分别是"微信"、"通信录"、"发现"、"我"等。默认为第一个"微信"标签，在该标签的

图 8-2-3　下载界面

界面中，会显示目前正在进行的对话列表。

二、创建一个微信群，并将群名称设为"招新纳贤"

1. 进入微信主界面后，点击右上角的"＋"号，会弹出一个小菜单，选择第一项"发起群聊"，如图 8-2-4 所示。

图 8-2-4　微信主界面

2. 新建微信群(即"发起群聊")需要添加群成员,在页面所展示的通信录好友列表最上方有输入框,可输入关键字进行模糊搜索。例如,输入"部长",把所有微信号、昵称或备注中带"部长"字眼的好友一次性搜索出来,点击相应好友名字前的圆圈选中。如图8-2-5所示,已经选中了体育部部长、外联部部长、文艺部部长。点击社团部部长名字前的小圆点,选中后,点击屏幕右上方的【确定】按钮,完成微信群的新建。

图8-2-6 群聊对话界面

图8-2-5 群成员模糊搜索

3. 如图8-2-6所示,当前微信群并未设置名称,"群聊(5)"代表该对话框是一个微信群,共有5名成员。点击屏幕右上方的"人"形按钮,进入当前对话框的设置界面,如图8-2-7所示。在"群聊名称"一栏可设置当前微信群的名称。

图8-2-7 群设置界面

提醒 所有群成员都有修改群名称的权限。

三、在微信群中交流

1. 发布文字。在群聊对话界面屏幕下方的输入框中,可输入文本内容进行文字交流,如图8-2-8和图8-2-9所示。在屏幕的右下角有一个"+"号按钮,如图8-2-10所示。点击后会出现多媒体交流辅助菜单,如图8-2-11所示。

项目八 信息交流 | 205

图 8-2-8 群聊对话界面

图 8-2-10 辅助菜单入口

图 8-2-9 发送文本内容

图 8-2-11 多媒体交流辅助菜单

2. 发布照片。现在李慧手边有一个已经木板的招新图标,她需要把这块图标木板拍照发给"招新纳贤"工作组的小伙伴们看。在多媒体交流辅助菜单中,点击"拍摄"图标,如图 8-2-12 所示,进入拍照的界面。在选定拍摄内容后按下快门,确认照片无误后点击右下方"使用照片",如图 8-2-13 和图 8-2-14 所示。

3. 发布微视频。为了更清楚、直观地展示图标造型,李慧决定在群里发一段微视频

图 8-2-12 拍照界面

图 8-2-13 确认画面

图 8-2-15 微视频入口

图 8-2-14 成功范例

图 8-2-16 成功案例及交流方式切换键

进行展示。在多媒体交流辅助菜单中点击"小视频"图标进入录制画面,如图 8-2-15 所示。微视频的录制方法与拍照方式基本一致,唯一区别是:微视频以手指按下快门键开始,以手指离开快门键结束,例如,如果需要录制一段 3 秒钟的视频,则需要按住快门键 3 秒钟不动。成功后界面如图 8-2-16 所示。

提醒 微视频时间有上限,以画面上的滚动条为准。

4. 发布语音。李慧需要对图标进行说明,使用语音交流的方式,能够更清晰地表达自己的想法,于是她需要将文本方式的输入框改为语音方式,如图 8-2-16 所示,切换按钮在屏幕的左下方。

录制语音的方式与录制微视频的方式一致,按下语音录制按钮,画面上出现麦克风图标后开始说话,说完后手指离开屏幕,完成录制并发送,如图 8-2-17 所示。在小伙伴发送来的语音中,会有小红点标出未听过的语音,已听过的语音则不会有该提示用小红点,如图 8-2-18 所示。

图 8-2-17　录制语音

图 8-2-18　未听语音

四、认真检查、交流分享

1. 认真检查

（1）检查是否成功安装微信。

（2）能否通过微信群交流。

2. 交流分享

（1）在安装软件时是否遇到问题，最后用什么方法解决问题的？

（2）在拍照、录制微视频、录制语音等的聊天过程中要注意哪些事项？

（3）在同学中，除了微信以外，还有哪些使用频率高的交流方法？

 知识链接

一、微信介绍

微信（WeChat）是腾讯公司于2011年1月21日推出的为智能终端提供即时通信服务的免费应用程序，包括基于位置的社交插件"摇一摇""漂流瓶""朋友圈""公众平台""语音记事本"等，支持跨通信运营商、跨操作系统平台，通过网络快速发送免费（需消耗少量网络流量）语音短信、视频、图片和文字，也可以共享流媒体内容的资料。

微信提供公众平台、朋友圈、消息推送等功能，用户可以通过"摇一摇"、"搜索号码"、"附近的人"、扫二维码方式添加好友和关注公众平台，将看到的精彩内容分享到微信朋友圈。

二、微信的功能

1. 基本功能

聊天：支持发送语音短信、视频、图片（包括表情）和文字，支持多人群聊（最高40人，100人和200人的群聊正在内测）。

添加好友：支持查找微信号（具体步骤：点击微信界面下方的"朋友们/添加朋友搜号码"，然后输入想搜索的微信号码，点击查找即可）、查看QQ好友添加好友、查看手机通信录和分

享微信号添加好友、摇一摇添加好友、二维码查找添加好友和漂流瓶接受好友等7种方式。

实时对讲机功能：可以通过语音聊天室和一群人语音对讲。但与在群里发语音不同的是，聊天室的消息几乎是实时的，并且不会留下任何记录，在手机屏幕关闭的情况下仍可实时聊天。

2. 微信支付

微信支付是集成在微信客户端的支付功能，以绑定银行卡的快捷支付为基础，向用户提供安全、快捷、高效的支付服务。

支付场景：微信公众平台支付、APP（第三方应用商城）支付、二维码扫描支付、刷卡支付；用户展示条码，商户扫描后，完成支付。

只需在微信中绑定一张银行卡，并完成身份认证，即可将装有微信APP的智能手机变成全能钱包，可购买合作商户的商品及服务。支付时只需在手机上输入密码，无需任何刷卡步骤，整个过程简便流畅。

3. 其他功能

朋友圈：可以通过朋友圈发表文字和图片，也可通过其他软件将文章或者音乐分享到朋友圈。用户可以对好友新发的照片进行"评论"或"赞"，用户只能看相同好友的评论或赞。

语音提醒：可以语音提醒好友打电话或查看邮件。

通信录安全助手：开启后可上传手机通信录至服务器，也可将之前上传的通信录下载至手机。

QQ邮箱提醒：开启后可接收来自QQ邮件的邮件，收到邮件后可直接回复或转发。

私信助手：开启后可接收来自QQ微博的私信，收到私信后可直接回复。

流量查询：微信带有流量统计功能，可以在设置里随时查看微信的流量动态。

游戏中心：可以玩游戏，例如"飞机大战"。

公众平台：通过这一平台，个人和企业都可以打造一个微信的公众号，可以群发文字、图片、语音等内容。

星光职业学校学生文化节

1. 背景与任务

星光职业学校学生会正组织学生文化节。为了使文化节更贴近学生并富有创意，学生会建立了微信群，邀请各班级宣传委员加入，在微信群中发布各个活动和项目的实时情况，进行实况转播，并且传递最新的学生寄语、祝福等。

2. 设计与制作要求

（1）下载与安装微信。

（2）建立一个微信群并更名为"文化节——实况转播"，邀请各班级宣传委员加入。

(3) 在微信群中发布实时照片、微视频。

(4) 在微信群中发布学生的语音留言、对各个比赛和活动组的寄语等。

活动三　学生会新成员递交报名材料

活动要求

星光职业技术学校正在开展 2015 年学生会招新活动。王明同学通过学校官网查看到了学生会招新活动后,非常想参加,特意从宣传信息中获取了招新的邮箱,准备在规定时间内通过网易邮箱报名。

活动分析

一、思考与讨论

1. 电子邮件是你常用的交流手段吗?
2. 你知道有哪些免费网页邮箱?
3. 你知道哪些电子邮件客户端软件?

二、总体思路

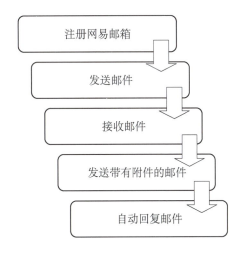

方法与步骤

一、注册网易邮箱

网易邮箱常用的邮箱之一,它能运用网页的形式收发邮件,方便联络。

打开网易邮箱网站 http://email.163.com/,点击"注册网易免费邮箱",选择"注册字母邮箱",按照提示要求完成信息填写,点击【立即注册】,如图 8-3-1 所示。完成网易邮箱注册,如图 8-3-2 所示。

图8-3-1　邮箱注册信息填写

图8-3-2　邮箱注册成功

二、发送邮件

　　进入邮箱界面,点击左上方的写信按钮，进入写信状态。在收件人的栏目中输入对方的邮箱地址,主题为"参加招新活动",在空白页面中输入邮件内容,并点击【发送】按钮,如图8-3-3所示。

图8-3-3　发送邮件

三、接收邮件

　　登录网易邮箱页面,进入邮箱收发界面,点击左上方的收件箱,如图8-3-4所示。收取未阅读的邮件,如图8-3-5所示。

查看邮件详情,如图8-3-6所示。

图8-3-4　点击收件箱

图8-3-5　收取未阅读的邮件

图8-3-6　查看邮件详情

提醒　未阅读的邮件为粗体字。

四、发送带有附件的邮件

　　1. 登录网易邮箱页面,进入邮箱收发界面,点击左上方的写信按钮进入写信状态,在收件人的栏目中输入对方的邮箱地址,主题为"提交报名表",在空白页面中输入邮件内容,如图8-3-7所示。

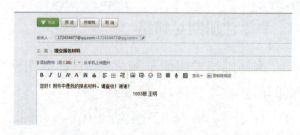

图8-3-7　发送邮件的内容信息

2. 并点击主题下的添加附件按钮 ,添加要发送的附件,添加完成效果如图 8-3-8 所示,点击【发送】按钮。

图 8-3-9 进入邮箱设置

图 8-3-8 邮件附件添加

五、自动回复邮件

1. 登录网易邮箱页面,进入邮箱界面,点击菜单中的"设置"下拉菜单,点击"邮箱设置",如图 8-3-9 所示。

2. 进入自动回复设置,如图 8-3-10 所示。设置完成后保存即可。

图 8-3-10 自动回复设置

知识链接

电子邮箱可以自动接收网络任何电子邮箱所发的电子邮件,并能存储规定大小的多种格式的电子文件。电子邮箱具有单独的网络域名,其电子邮局地址在@后标注,电子邮箱一般格式为"用户名@域名"。

一、电子邮箱客户端

1. Foxmail

Foxmail 是由我国开发的一款优秀的电子邮件客户端,具有强大的电子邮件管理功能。目前有中文(简繁体)和英文两个语言版本。2005 年 3 月 16 日被腾讯收购。后腾讯推出能与 Foxmail 客户端邮件同步的基于 Web 的 Foxmail 免费电子邮件服务。

2. Outlook Express

Outlook Express 是集成在微软操作系统中的默认邮件客户端程序,是免费软件,所以易用性和用户数量上占有一定优势。而且它在中文系统中是到目前为止支持中文新闻组服务最好的软件之一。除此之外,Outlook Express 简单易学,而且有各个操作系统语言对应的不同语言版本,即使不熟悉计算机程序也能较快掌握使用。

3. Windows Live Mail

Windows Live Mail 客户端可以将包括 Hotmail 在内的各种邮箱轻松同步到的计算机上,并且集成了其他 Windows Live 服务。该软件特点是,无需离开收件箱即可预览邮件;通过拖放操作管理邮件;单击即可清除垃圾邮件和扫描病毒邮件;单击右键,轻松答复、删除和转发。

二、网站电子邮箱

目前,有很多网站均设有收费与免费的电子信箱,供广大网友使用。虽然免费的电子信箱比起收费的信箱保密性差,不够安全,但是应用广泛。常用免费信箱的网站见表8-3-1。

表8-3-1 常用免费信箱的网站

网站	网址	信箱容量
新浪网站	www.sina.com	2 G(2 000 兆)
雅虎网站	www.yahoo.com	1 G
网易网站	www.163.com www.126.com www.yeah.net	2 G(可扩容)
Hotmail网站	www.hotmail.com	2 G
搜狐网站	www.sohu.com	1 G
QQ网站	www.qq.com	4 G(可扩容)

三、云数据管理

百度云(Baidu Cloud)是百度推出的一项云存储服务,首次注册即有机会获得 2 T 的空间,已覆盖主流 PC 和手机操作系统,包含 Windows 版、Mac 版、Android 版、iphone 版和 Windows Phone 版。用户可以将文件上传到网盘上,并可跨终端随时随地查看和分享。

1. 使用计算机上传并管理云盘中文件

打开浏览器,键入百度云的官网地址 pan.baidu.com,通过主页右上角的"客户端下载"链接进入下载页面,下载百度云的 PC 客户端,如图 8-3-11 所示,安装百度云管家客户端软件。

图 8-3-11 下载百度云管家客户端

打开软件后,登录百度账号。通过"上传文件"将电脑端的文件上传至云端,随后可以在其他设备(例如手机端)即看到已上传至云端的文件,如图 8-3-12 所示。

2. 使用手机上传并管理云盘中文件

在苹果手机上,通过 App Store 平台搜索并下载百度云,下载并自动安装完成后,运行,登录百度账号(注意账号的一致),如图 8-3-13 所示。

图 8-3-12　上传文件至云端

图 8-3-13　百度云手机客户端的下载、安装及登录

在手机客户端中,选择"网盘"选项卡,即可看到刚才从电脑端上传的图片,点击文件右侧的向下箭头,即可对其进行手机端的保存、分享、删除等操作。

点击"＋"按钮,可根据提示步骤上传手机上的文件至云端,上传成功后也可在电脑端或其他能够使用百度云管家的平台上查看该文件,并对该文件进行保存、分享操作,或是在网盘上删除该文件。

  小贴士

手机通讯录的好友丢失无疑是一件很痛苦的事情。通过百度云可以将本地通讯录同步到云端。这样就不用担心联系人丢失了。

具体方法是,点击百度云界面左上角的"上传"按钮,在弹出的下拉菜单中找到"通讯录同步",将手机通讯录数据同步到百度云盘中。

找工作,投简历!

1. 背景与任务

转眼间到了大学毕业的时候,王琳同学为了能尽快找到工作,在网上投了简历。某公司

看到她的简历后联系了她,要求王琳同学使用网易邮箱提交一些面试材料。

2. 设计与制作要求

(1) 注册网易邮箱。

(2) 发送一封带简历及面试材料的邮件给某公司。

(3) 设置收到邮件的自动回复。

(4) 能成功收取并阅读某公司的回复邮件。

 归纳与小结

利用交流工具进行沟通、交流基本过程和方法如下:

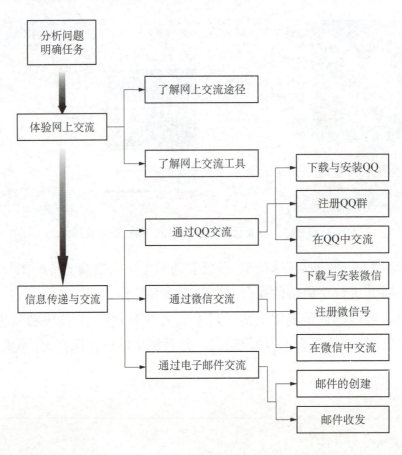

综合活动与评估

学校团委筹备母亲节活动

 活动背景

星光职业学校团委准备在母亲节来临之际,开展"感恩母亲"活动,以此表达对母亲的感恩之情。为了使该活动富有创意,多姿多彩,团委通过各种方式听取意见和建议,并收集各类资料,为活动组织和安排做了充分的准备工作。

活动分析

1. 分组讨论,确定各小组成员工作内容。
2. 使用 QQ 听取各方意见和建议。
3. 使用微信收集各类资料。
4. 使用邮箱发送资料。

方法与步骤

一、分组讨论

根据活动,确定筹备工作小组成员,根据各学生的特点进行任务安排。

姓名	部门	分工

二、使用 QQ 听取各方意见和建议

1. 下载和安装 QQ 软件。
2. 建立 QQ 群,邀请各团委书记加入该群。
3. 在群中进行讨论和交流。
4. 在群中发布信息和上传文件。

三、使用微信收集各类资料

1. 下载和安装微信软件。
2. 注册微信号。
3. 在微信中进行交流。
4. 在微信中上传照片、视频、音频等文件。

四、使用邮箱发送资料

1. 注册邮箱。
2. 发送邮件/发送带附件的邮件。
3. 接收邮件。
4. 自动回复邮件。

评估

一、综合活动的评估

根据综合实践活动,完成下面的综合活动评估表,先在小组范围内学生自我评估,再由教师对学生进行评估。

综合活动评估表

学生姓名:_____ 日期:_____

学习目标		自评		教师评	
		继续学习	已掌握	继续学习	已掌握
1. 网上获取和筛选信息的能力	使用搜索引擎查找信息				
	根据网址浏览和获取信息				
2. 根据问题要求,组织项目策划工作					
3. 了解各种交流工具	了解交流工具				
4. QQ 交流工具	下载与安装 QQ 软件				
	注册 QQ 群				
	发布与上传文件				

续表

学习目标		自评		教师评	
		继续学习	已掌握	继续学习	已掌握
	在 QQ 中交流				
5. 微信交流工具	下载与安装微信软件				
	注册微信				
	在微信中上传照片				
	在微信中交流				
6. 电子邮件交流	注册电子邮箱				
	发送电子邮件				
	接收电子邮件				
	回复电子邮件				

二、整个项目的评估

复习整个项目的学习内容,完成下面的学习评估表。

整个项目学生学习评估表

学生姓名：_____
本项目的所有活动中最喜爱的活动：_____

1. 本项目中最喜欢的交流工具是什么？为什么？

2. 本项目包括以下技术领域：
   □网上交流　　□文字处理　　□图像处理
   □因特网　　　□项目策划　　□网页浏览
   □多媒体演示文稿　□网页制作

3. 本项目中哪项技能最具挑战性？为什么？

4. 本项目中对哪项技能最感兴趣？为什么？

5. 本项目中哪项技能最有用？为什么？

6. 比较文字处理软件、网络的应用,它们各使用哪几方面的信息处理？

7. 请举例说明在什么情况下使用何种交流方式最便捷。

项目九

多种工具与软件的综合应用

——"美丽上海"PPT制作与演讲大赛活动策划

情境描述

埃菲尔铁塔、黄石公园、埃及金字塔、八达岭长城……，这一连串的名字代表着美丽的风光、悠久的历史、灿烂的文化，令人浮想联翩、怦然心动，强烈地吸引着我们，去了解它们背后动人的故事。

国际旅游，这个原来"高大上"的项目，已经"飞入寻常百姓家"，成为人们度假休闲、增长阅历的不二选择。上海市旅游局、上海市文化广播影视管理局、上海市商务委员会共同倡议创办了上海旅游节，在每年的9月中旬至10月举行。它是目前国内规模最大、最具城市影响力的大型旅游节庆活动。

作为上海的主人，我们有责任和义务向国内外的宾客介绍我们的城市、我们的生活，宣传我们的历史、我们的发展，同时向国外友人宣传中华文化，增强文化的交流，增进世界各族人民的友谊。

为此，树德职业学校决定举办"美丽上海、灿烂中华"PPT制作与演讲大赛，动员全校学生来了解家乡变化，了解城市的发展，制作一些画面精美、内容充实、布局简洁，能反映上海的风貌与发展，展示中华文化的演示文稿，为上海旅游文化节做贡献。

活动一　策划、制定校园PPT大赛方案

 活动要求

为配合上海市国际旅游节，尤其是一些国际交流会议等，向宾客们介绍上海的城市发展、民俗文化、旅游风光等，树德职业学校需要制作一些关于上海旅游以及中华文化的电子演示文稿，内容包括城市建筑、风土人情、美食小吃、文物景观等。为此学校决定举办"美丽上海、灿烂中华"的全校PPT制作大赛。

为了贴近同学们的生活，融合同学们的兴趣点，成功地举办这个活动，学校决定，由同学们自己策划设计本次活动方案，动员同学们结合自己的思考构想，设计比赛，完成整个活动的策划，提交策划方案。

 活动分析

策划活动安排，可以利用思维导图具有联想、归纳的功能特点，逐项设计展开，具体制作时还可参照5W2H（参阅本节后面的知识链接）的分析思路，即首先要考虑活动的目的、意义、

效果,然后再考虑具体事项、时间节点、人员安排等。通过与老师沟通了解到学校举办PPT大赛的宗旨,是为促进同学们更多地了解我们居住的城市,对外宣传我们城市的发展。因此活动应围绕这个中心开展,要尽可能多地动员广大同学,激发他们的热情,积极参与活动中来。

要考虑到操作时的人、财、物,因为这是活动能得以进行的人力和物质基础,所有的活动都要落实到具体的人,明确各自的任务。

要关注实施时的点、节、时,因为活动需要空间和时间,有具体的起止节点,而且有的环节前后承接,不能耽误。

在具体的工作项目内容上,我们可以学习前人的做法,广开言路,集思广益,就是先期实行头脑风暴法(参阅本节后面的知识链接),依靠大家的力量广开思路、明确内容、解决问题。

因此,本活动的目的,就是要学习策划举办大型活动的步骤,以及分析思考过程,掌握相关方法。在具体操作阶段,要学会利用思维导图逐步展开,思考内容的取舍,前后的关系,最终能比较周全地确定本次活动内容,形成可行的策划方案。

一、思考与讨论

1. 举办全校性活动,一定要先从目的和意义出发。PPT大赛的活动目的是什么?这是否应该成为设计思维导图的主题?

2. 组织承办一项活动,涉及的事情千头万绪,处理的工作多种多样。如何确定包含哪些具体的事情?它们与活动目的是什么关系?

3. 头脑风暴罗列出来的重多事情需要汇总串联起来,并有条理地分类。应如何划分工作?时间如何安排?

4. 要学会分门别类记录上面大家头脑风暴获得的众多工作事项。如果用思维导图表达这些工作,如何按内容绘制出各个项目分支?针对记录的事项,归纳整理形成有层次的表格信息,对绘制思维导图是否有帮助?

5. 导图制作完成后,为方便各组之间交流,导图应能够向大家发布说明。用什么软件可以把思维导图转化为PPT或其他格式的文档?

二、总体思路

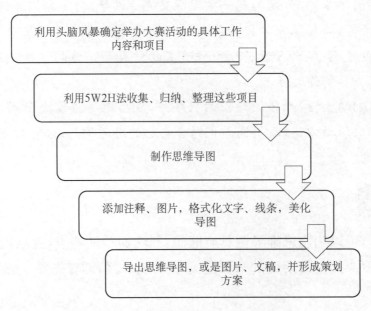

方法与步骤

一、分析任务,明确工作方法

方法论告诉我们,应该先把大项目分解成小项目,把小项目分解成小的具体任务,然后一一进行列出,按系统方法分析、分类、梳理,按时间因素有条理地排布任务,这样才能能够很好地把握从底到顶,再从顶到底的实施过程,从而系统地设计出整个活动的安排。

为此,同学们可分成3~4个小组,用头脑风暴的方式,分别讨论这项工作,并形成举办学校PPT大赛的有关具体工作项目表,比如活动申请、资金审批、制定方案、通知、宣传展览、联系场地、聘用人员、落实评委、借用设备、后勤保障等。列出如下项目表:

序号	内容	场地	人员	其他
……	……	……	……	……

二、按 5W2H 梳理工作事项

5W2H 详细内容见表 9‑1‑1:

(1) Why(为什么):举办大赛的目的,一是配合全市的旅游节活动,向国内及至世界宣传、介绍上海、中华文化、、培养同学们热爱家乡、热爱祖国的高尚情感。

(2) What(什么):做哪些事,如需要搜集信息、制作PPT,需要评比,奖励,组织会议,需要有关设备,联系多个部门等工作。

(3) Where(何处):初赛分年级进行,以各班级教室为主要场所,进行评比、演讲和选拔。决赛是在全校层面的评比和展示,具有较高的规模和影响,参与的人数较多,所以,应该在专门的礼堂进行。

(4) When(何时):由于是配合全市的旅游节的活动,所以应该与旅游节的开办时间一致,以10月中下旬为宜,即开学第六、七周,可利用周二、周五学生第二课堂集中活动。

(5) Who(何人):举办旅游节PPT大赛的目的,决定了本次比赛要求全校学生参与,要有广泛的普及宣传作用。

(6) How(怎么办):整体包括3大阶段,具体环节包括起草方案、宣传动员、提交作品、组织评比、表彰奖励、总结宣传等。

(7) HowMuch(多少):在参加的人数上,要求全校学生都要参加;在奖励的费用上,可制定出经济型和正常型不同方案,具体报学校由校领导审批。

表 9‑1‑1 5W2H 详细内容

5W2H	项目	准备阶段	动员阶段	初赛阶段	决赛阶段	总结宣传阶段
Who	什么人					
When	什么时候					
What	什么事情					
Where	什么地方					
Why	为什么					
How	如何操作					
HowMuch	多少、效果					

三、确定一级子项目,制作思维导图

制作思维导图,首先要确定一级项目。考虑到实施的方便,确定一级项目标准为以时间为基准并突出活动目的,包括活动意义目的、准备阶段、初赛阶段、复赛阶段、决赛阶段、总结宣传、后勤保障等。

1. 双击桌面图标 iMindMap 6,打开思维导图工具软件。选择新建菜单,选择空白文档,进入编辑界面,如图 9-1-1 所示。

图 9-1-2　新建思维导图

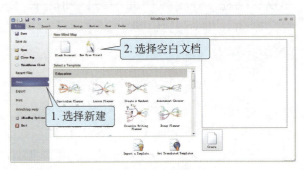

图 9-1-1　导图软件

2. 在弹出的界面中,选择中心主题样式。此处选择蓝色的纸张样式,如图 9-1-2 所示。

3. 按照上面步骤确定的一级项目,拖画出各项目分支,输入项目内容,完成思维导图主分支框架,如图 9-1-3 所示。

4. 按照前面确定的工作任务分类及子

图 9-1-3　建立一级项目

项目分支情况,分别输入后继的工作分支,并在上面输入项目内容,完成思维导图主体制作,如图 9-1-4 所示。

为使图形看起来美观并能起到强调的作用,还可以在各项目空白处插入文字注释、图标、图片等。

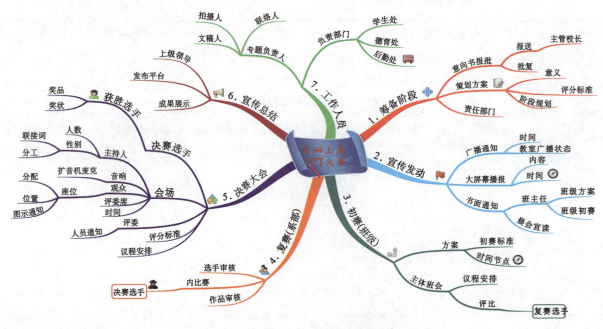

图 9-1-4　"美丽上海"PPT大赛策划思维导图

四、导出思维导图

把思维导图导出为需要的格式,如图片、多媒体文稿等,至此初期策划工作完成。实际工作中还要形成具体的策划报告,此处不做讨论。

一、头脑风暴法

头脑风暴法又称智力激励法、自由思考法,是由美国创造学家A·F·奥斯本于1939年首次提出、1953年正式发表的一种激发性思维的方法。它来源于精神病理学上的用语"头脑风暴"(Brain-Storming),但现在则是转指无限制的自由联想和讨论,其目的在于产生新观念或激发创新设想。当一群人围绕一个特定的兴趣领域产生新观点的时候,这种情境就叫做头脑风暴。此法经各国创造学研究者的实践和发展,已经形成了一个发明技法群,如奥斯本智力激励法、默写式智力激励法、卡片式智力激励法等。

由于该方法没有拘束的规则,人们就能够更自由地思考,进入思想的新区域,从而产生很多新观点和问题解决方法。当参加者有了新观点和想法时,他们就大声说出来,然后在他人提出的观点之上建立新观点。所有的观点都记录下来但不批评,只有头脑风暴会议结束的时,才对这些观点和想法进行评估。头脑风暴的特点是,让参会者敞开思想,使各种设想在相互碰撞中激起脑海的创造性风暴。

头脑风暴法其可分为直接头脑风暴和质疑头脑风暴法,前者是在专家群体决策基础上尽可能激发创造性,产生尽可能多的设想、方法;后者则是对前者提出的设想、方案逐一质疑,发现其现实可行性,这是一种集体开发创造性思维的方法。

头脑风暴法的基本程序主要包含以下几个环节:

1. 确定议题:一个好的头脑风暴应从对问题的准确阐明开始。

2. 会前准备:为了提高头脑风暴畅谈会的效率,使其效果较好,可在会前做一些准备工作。此外,在头脑风暴会正式开始前还可以出一些创造性测验题,供大家思考,以便活跃气氛,促进思维。

3. 确定人选:一般以8~12人为宜,也可略有增减(5~15人)。每班可分成3~4个小组。

4. 明确分工:要确定一名主持人,1~2名记录员(秘书)。主持人的作用是在头脑风暴畅谈会开始时重申讨论的议题和纪律,在会议进程中启发引导,掌握进程。

5. 规定纪律:根据头脑风暴法的原则,规定几条纪律,要求与会者遵守,如要集中注意力,积极投入,不消极旁观;不要私下议论,以免影响他人的思考;发言要针对目标,开门见山,不要客套,也不必做过多的解释;相互尊重,平等相待,切忌相互褒贬等。

6. 掌握时间:会议时间由主持人掌握,不宜在会前定死。时间太短与会者难以畅所欲言,太长则容易产生疲劳感,影响会议效果。经验表明,创造性较强的设想一般要在会议开始10~15分钟后逐渐产生。美国创造学家帕内斯指出,会议时间最好安排在30~45分钟之间。

一次成功的头脑风暴除了在程序上的要求之外,更为关键是探讨方式和心态上的转变,概言之,即充分、非评价性的、无偏见的交流。具体可归纳以下几点:

(1) 自由畅谈:参加者不应该受任何条条框框限制,放松思想,让思维自由驰骋。

(2) 延迟评判:必须坚持当场不对任何设想作评价的原则。既不能肯定某个设想,又不能否定某个设想,也不能对某个设想发表评论性的意见。

(30 禁止批评:绝对禁止批评是头脑风暴法应该遵循的重要原则。参加头脑风暴会议的每个人都不得对别人的设想提出批评意见,因为批评对创造性思维无疑会产生抑制作用。

(4) 追求数量:头脑风暴会议的目标是获得尽可能多的设想,追求数量是它的首要任务。

二、5W2H 分析法

如图 9-1-5 所示,5W2H 分析法又叫七何分析法,该方法简单方便,易于理解和使用,富有启发意义,广泛用于企业管理和技术活动,对于决策和执行性的活动措施也非常有帮助,也有助于弥补考虑问题的疏漏。

(1) What 是什么:目的是什么?做什么工作?

(2) How 怎么做:如何提高效率?如何实施?方法怎样?

(3) Why 为什么:为什么这么做?理由,原因是什么?为什么这样结果?

(4) When 何时:什么时间完成?什么时机最适宜?

(5) Where 何处:在哪里做?从哪里入手?

(6) Who 谁:由谁来承担?谁来完成?谁负责?

(7) How Much 多少:做到什么程度?数量如何?质量水平如何?费用产出如何?

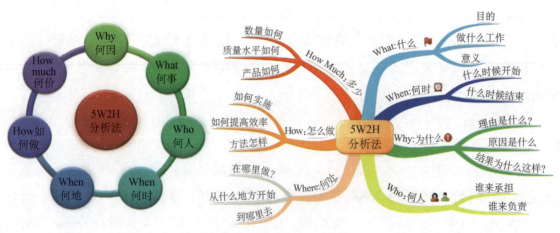

图 9-1-5　5W2H 分析法

活动二　多媒体演示文稿的设计与制作

活动要求

树德职业学校举办了以"美丽上海、灿烂中华"为主题的PPT制作大赛。大赛要求全体同学以美丽家乡、壮丽河山、灿烂文化为内容，从自身的体验和感受出发，确定喜欢的题材，收集相关表达素材，制作一个PPT多媒体作品，全面介绍展示我们上海这座城市的历史发展、名胜古迹、风俗文化。具体内容包括上海城市的建筑、民居、交通、休闲生活、文化娱乐等方面，还可以制作以介绍锦绣中华、灿烂文化为内容的PPT文稿。文稿要求能够从不同的视角，不同的侧面全面展示上海的发展变化，以及国家的发展变化，宣传改革开放以来的发展成果和人民的幸福生活，激发同学们热爱家乡、热爱祖国的高尚情操。

活动分析

一、思考与讨论

1. 素材都是为表达中心服务的。在制作PPT之前同要先确定文稿的中心，围绕中心搜集材料。本次大赛的PPT作品表达的中心是什么？用什么软件记录和归纳想法？

2. 事先确定PPT文稿的框架，勾画出整个作品的"剧本"，后续工作能"按图索骥"。请利用学过的思维导图软件快速梳理思路，从中心、主题、要点、框架、素材5个方面构思出PPT的创作提纲。

3. 应该搜集哪些方面的素材？都有哪些途径？

4. 搜集来的素材内容如何进行分析，归类？考虑到作品的篇幅，如何加工处理素材以增强表现力？

5. 完美地表达思想内容的PPT的标准是什么？有哪些注意事项？

6. 如何充分利用效果、动画等，充分利用多媒体素材，从多个方面展示美丽上海？

二、总体思路

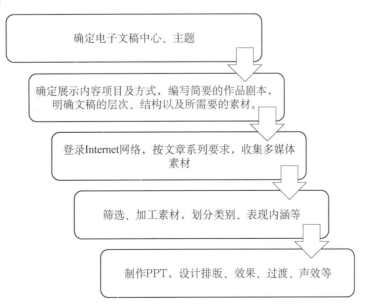

方法与步骤

一、构思文稿的中心、主题和框架

打开 iMindMap 软件,构思自己 PPT 作品的整体结构。可参考图 9-2-1 的设计。

二、编写文稿剧本

文稿剧本按着 6 个部分组织。首先从总体上介绍上海的历史,然后介绍上海改革开放后的成就,包括建筑、城市交通、文化教育、人民生活等,最后介绍上海未来发展。体现速度、高度、文化等方面的内容要有相应的音、视频内容。填写表 9-2-1 分镜头剧本的内容。

图 9-2-1　PPT 构思导图

部分	镜头(幻灯片)	题目	画面内容	视频	声音	音乐	其他
上海历史……	1						
	2						
	3						
	……						
上海建设……	1						
	2						
	3						
	……						

三、收集相关的素材,如图片、视频、文字介绍

按表 9-2-2 收集内容。

表 9-2-2　收集内容

项目		图片	视频	音频	其他
景点	外滩				
	陆家嘴				
	人民广场				

续表

项目		图片	视频	音频	其他
企业	宝钢				
	江南造船厂				
交通	磁悬浮				
	浦东机场				
	高铁				
	地铁				
文化	上海博物馆				
	上海科技馆				
	上海交通大学				
	上海复旦大学				
生活	公园,步行街				
	上海小吃				

四、确定作品叙事结构

1. 上海概况,介绍上海的总体情况、地理位置、自然人文等,包括面积、人口、经济等。

2. 历史沿革,以上海有代表性的区域的历史变化为例,介绍上海在经济、社会、人文等方面的发展、建设成就。

3. 上海景观,介绍以东方明珠、人民广场、浦东机场、磁悬浮列车为代表的著名景点,展示上海的美丽。

4. 上海企业,介绍宝钢、江南造船厂、洋山深水港等企业。

5. 高等院校,以上海交通大学、复旦大学、同济大学等为主介绍教育发展。

6. 人民生活,介绍文化体育设施、人民公园、步行街、小吃街等。

7. 未来发展,介绍迪斯尼、自贸区等。

五、制作

1. 双击桌面PPT图标,打开PPT制作软件,设计、制作PPT封面。

2. 点击工具栏"插入"项,插入艺术字"美丽上海",并拖移动偏上合适的位置。

3. 点击工具栏"设计"项,设计背景格式,如图9-2-2所示。

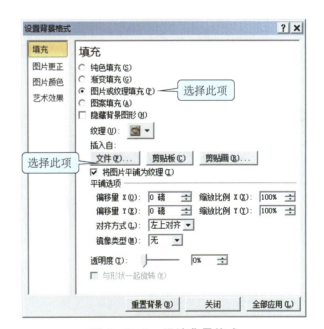

图9-2-2 设计背景格式

4. 在插入自项目中,单击"文件…"按钮,弹出对话框,选择要插入的背景图片,如图9-2-3所示。

图 9-2-3　设计背景图案格式

5. 设计母版。点击菜单栏"视图/工具栏/幻灯片母板",打开母版设计界面。

点击"插入"菜单,选择"图片",选择白玉兰图片,完成母版设计,如图 9-2-4 所示。

图 9-2-4　母版背景设计

6. 点击工具栏"开始"项,插入新幻灯片,制作目录页,如图 9-2-5 所示。

图 9-2-5　设计制作目录页

7. 制作其他后续页面。制作后续页面,重点是编辑、修饰图片,使之在幻灯片作品中起到展示作用,达到相应的效果。

图 9-2-6　设计制作内容页

8. 设置动画效果。如图 9-2-7 所示,在"动画"和"切换"栏设置动画效果和切换的设置,使作品能自动播放。

图 9-2-7　设计制作动画效果

9. 运行检查效果。如图 9-2-8 所示,在"幻灯片放映"项目栏进行设置,播放、彩排作品,使之成为有时间长度的展示类作品。

图 9-2-8　设计制作播放效果

知识链接

一、PPT电子文稿的制作

制作精良的 PPT 文稿,最先要关注的不是技术、技巧,而是从整体上把握,始终心有听(观)众,始终围绕中心目标进行。工作中设计制作一份精良的电子演示文稿,可从以下方面来考虑:

（1）了解听众对象的类型。这是要求制作的电子文稿能切合听(观)众的需要,做到有的放矢。

图 9-2-9　PPT 设计制作步骤

（2）明确文稿的中心。只有目的明确,才能调动一切可以运用的元素来表达思想内容,实现宣讲目标。

（3）完成内容制作。这是最基本的过程。当然在制作时要先确定文档的框架结构,然后才能不断丰富内容,形成完整的文稿。

（4）搜集充分论据。论据是确立和支撑观点的最基本的要素,要保证说明的充分,就一定要有充分的论据。

（5）处理好层次顺序。这是实现说明论证的具体过程,好的论证结构能够逐次展开,层层递进,有很强的逻辑性和说服力。

（6）注重应用图表、颜色、排版等。在实现有吸引力的演示文稿方面,相当多的资料都介绍了技巧的应用,要求能实现简洁、直观、美观、吸引眼球等,这方面可逐步练习提高。

（7）注意标准。明确 PPT 的评比标准,是设计制作良好 PPT,获得较高评定等级的重要方法。

二、PPT 文稿的评比标准

评定 PPT 文稿的优劣没有统一的标准,但有些共性的要求是相同的,见表 9-2-3。

表 9-2-3　PPT 文稿标准

组成部分	分值	评分要素	评分标准
内容	30 分	主题突出、内容完整,准确表达了中心思想,积极向上	很好 11～20 分 好 1～10 分 一般 1～10 分
		结构合理、逻辑顺畅,有层次性和连贯性,整体风格统一流畅、协调	
		模版、版式、作品的表现方式能够恰当地表现主题内容	
技术	20 分	文本、图片、表格、图表、图形、动画、音频、视频等工具应用恰当,超链接或动作功能也有使用	很好 11～20 分 好 6～11 分 一般 1～5 分
		文档大小适当,打开及载入迅速	
		整部作品的播放流畅,运行稳定、无故障	

续表

组成部分	分值	评分要素	评分标准
艺术	15分	整体界面美观,布局合理,层次分明,模版及版式设计生动活泼,富有新意,总体视觉效果好,有较强的表现力和感染力	很好 11～15分 好 6～10分 一般 1～5分
		作品中色彩搭配合理协调,表现风格引人入胜;文字清晰,字体设计恰当	
创意	15分	整体布局风格(包括模版设计、版式安排、色彩搭配等)立意新颖,构思独特,设计巧妙,具有想像力和表现力	很好 10～15分 好 6～9分 一般 1～5分
		作品原创成分高,具有鲜明的个性	
展示	20分	语言表达得体、流利,词汇准确、丰富,表达具有感染力	很好 11～20分 好 6～11分 一般 1～5分

活动三　信息交流与发布

——上海旅游节校园 PPT 制作大赛作品宣传发布

活动要求

为扩大影响,宣传成绩,学校准备加大对 PPT 制作大赛活动的宣传,鼓励同学把活动的相关材料上传到网络发布平台,要求同学们,广泛传播,互相交流。

请同学们把收集的关于大赛的视频和图片,利用 QQ 空间平台发布到网上。

活动分析

通过网络发布信息,最快捷、最方便的途径就是 QQ 空间和百度空间,本活动以 QQ 空间为例,介绍如何把信息发布到网络上。

一、思考与讨论

1. 发布信息到某个空间,实质上是把信息上传到某个提供此种服务的网站,一般是 Web 服务器;然后设定权限来允许或不允许访问这个网站页面。请思考,如何获取 QQ 的网络空间?

2. 网络平台有多种应用。请思考,QQ 空间有哪些主要应用?

3. 最经常使用的是手机平台,现在绝大多数智能手机都能通过网络发布信息。请思考,如何在微信发布信息,以便在网上共享?

二、总体思路

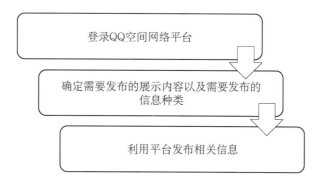

方法与步骤

1. 登录 QQ 空间。双击桌面上腾讯 QQ 图标，启动 QQ 软件，进入聊天界面。单击界面上的 QQ 空间图标，启动 QQ 空间网站，如图 9-3-1 所示。

图 9-3-1　QQ 界面

图 9-3-2　信息发布界面

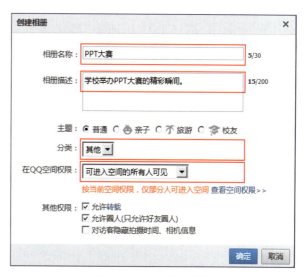

图 9-3-3　新建相册

2. 进入相册发布界面。在 QQ 空间平台上，单击选择相册，进入相册图片发布界面，如图 9-3-2 所示。

3. 创建新相册。在相册发布界面，单击"创建相册"按钮，进入"创建相册"对话框，如图 9-3-3 所示。在对话框中输入相关的信息，单击【确定】按钮。

4. 选择"上传照片"，打开上传照片界面。再单击【选择照片】按钮，打开资源管理器，选择相应照片即可上传照片到服务器空间了，如图 9-3-4 所示。

图 9-3-4　选择上传照片

5. 如果需要多人同时聊天、讨论,可以在 QQ 中开辟 QQ 群,在群聊天室中进行多人讨论。QQ 中也可以开辟多人视频聊天,进行类似电视会议的可视化讨论。

6. 如果是在手机 QQ 中进行视频聊天,可以在进入群组后,选择开启摄像头功能。

知识链接

一、QQ 空间(Qzone)

QQ 空间(Qzone)是腾讯公司于 2005 年开发的一种个性化网络空间,具有博客(Blog)的功能。在 QQ 空间上可以书写日记、上传图片或照片、听音乐,通过多种方式在网络上展现自己。用户还可以根据自己的喜爱设定空间的背景、小挂件等,从而使每个空间都有自己的特色。

二、网络空间

1984 年,美国科幻作家威廉·吉布森(William Gibson)创作出版了科幻故事《神经漫游者》(Neuromancer)。小说出版后,好评如潮,并获得多项大奖。故事描写了反叛者网络独行侠凯斯(Case),受雇于某跨国公司,被派往全球电脑网络构成的空间里,去执行一项极具冒险性的任务。进入这个巨大的空间,凯斯并不需要乘坐飞船或火箭,只需在大脑神经中植入插座,然后接通电极,便可感知电脑网络。网络与人的思想意识合而为一,即可遨游其中。在这个广袤空间里,看不到山川河流、城镇乡村,只有庞大的三维信息库和各种信息在高速流动。吉布森把这个空间取名为赛伯空间(Cyberspace),也就是现在所说的网络空间。

实质上,网络空间是分布上全世界的独立计算机通过通信线路连接,在管理软件的支持下,按照统一的协议,实现信息传送和资源的共享的计算机通信系统。

三、服务器

网络上的计算机按照其功能,从技术上归结为两大类:客户机和服务器。

客户机是访问别人信息的机器。通过电信系统或互联网服务提供商(ISP)上网时,电脑就被临时分配了一个 IP 地址,利用这个临时身份证,就可以在互联网的海洋里获取信息。网络断线后,电脑脱离网络,IP 地址被收回。

服务器则是提供信息让别人访问的机器,通常又称为主机。由于人们任何时候都可能访问到它,因此主机必须每时每刻都连接在网络上,拥有永久的 IP 地址。因此不仅要设置专用的电脑硬件,还要租用昂贵的数据专线,再加上各种维护费用如房租、人工、电费等,成本相当高。为此,人们开发了虚拟主机技术。

四、虚拟主机

虚拟主机技术是互联网服务器采用的节省服务器硬件成本的技术,主要应用于 HTTP 服务。将一台服务器的某项或者全部服务内容逻辑划分为多个服务单位,对外表现为多个服务器，从而充分利用服务器硬件资源。

虚拟主机的关键技术是在同一台计算机硬件、同一个操作系统上，运行着为多个用户打开的不同的服务器程序，它们互不干扰、各自运行。各个用户拥有自己的一部分系统资源（IP地址、文档存储空间、内存、CPU时间等）。虚拟主机之间完全独立，在外界看来，每一台虚拟主机和一台单独的主机的表现完全相同。

虚拟主机与网站空间其实是一个概念，它有3个作用：

（1）存放网站的各种网页文件；

（2）搭建网站正常运行的各种服务；

（3）为访问者的要求提供多种信息支持。

图书在版编目(CIP)数据

信息技术基础/谢忠新,沈建蓉主编. —5版. —上海:复旦大学出版社,2015.8(2020.11重印)
ISBN 978-7-309-11375-4

Ⅰ.信… Ⅱ.①谢…②沈… Ⅲ.电子计算机-中等专业学校-教材 Ⅳ.TP3

中国版本图书馆 CIP 数据核字(2015)第 071377 号

信息技术基础(第五版)
谢忠新 沈建蓉 主编
责任编辑/张志军

复旦大学出版社有限公司出版发行
上海市国权路 579 号 邮编:200433
网址:fupnet@fudanpress.com http://www.fudanpress.com
门市零售:86-21-65102580 团体订购:86-21-65104505
外埠邮购:86-21-65642846 出版部电话:86-21-65642845
常熟市华顺印刷有限公司

开本 890×1240 1/16 印张 15 字数 329 千
2020 年 11 月第 5 版第 11 次印刷
印数 41 101—44 200

ISBN 978-7-309-11375-4/T·533
定价:39.00 元

如有印装质量问题,请向复旦大学出版社有限公司出版部调换。
版权所有 侵权必究